让孩子看了就停不下来的自然探秘

什么，小海马是爸爸生的？

〔韩〕阳光和樵夫◎文　〔韩〕金贞善◎绘　千太阳◎译

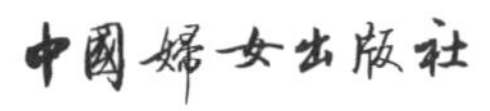

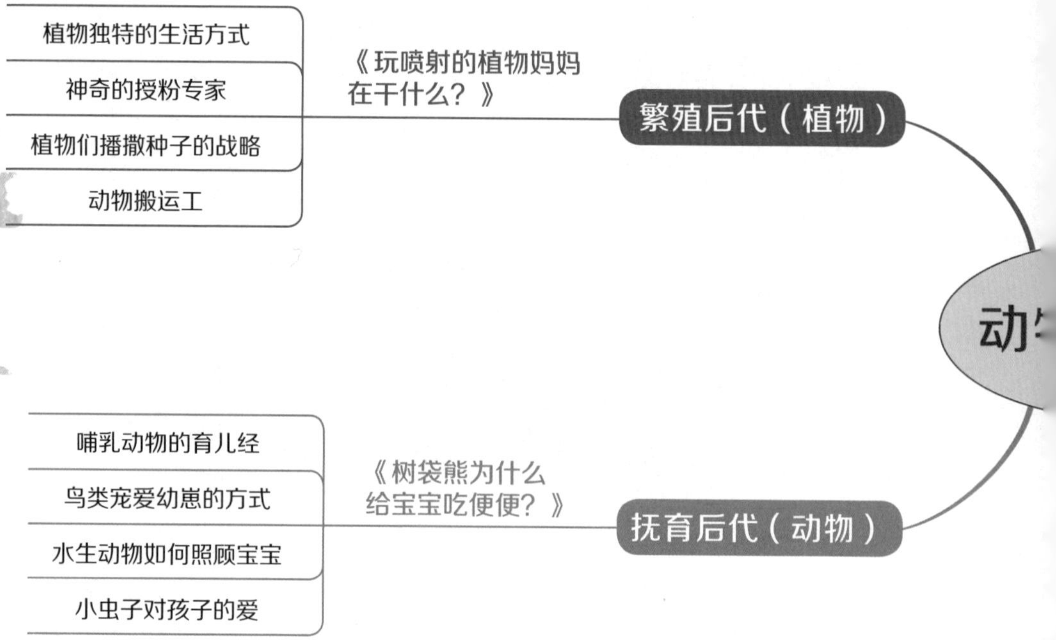

植物独特的生活方式
神奇的授粉专家
植物们播撒种子的战略
动物搬运工

《玩喷射的植物妈妈在干什么？》

繁殖后代（植物）

动

哺乳动物的育儿经
鸟类宠爱幼崽的方式
水生动物如何照顾宝宝
小虫子对孩子的爱

《树袋熊为什么给宝宝吃便便？》

抚育后代（动物）

注：本书在引进出版时，根据中国的动植物情况和相关文化，对内容进行了一些增补、完善和修改，故在有些知识讲解中会特意加上“中国”这一地域界定。

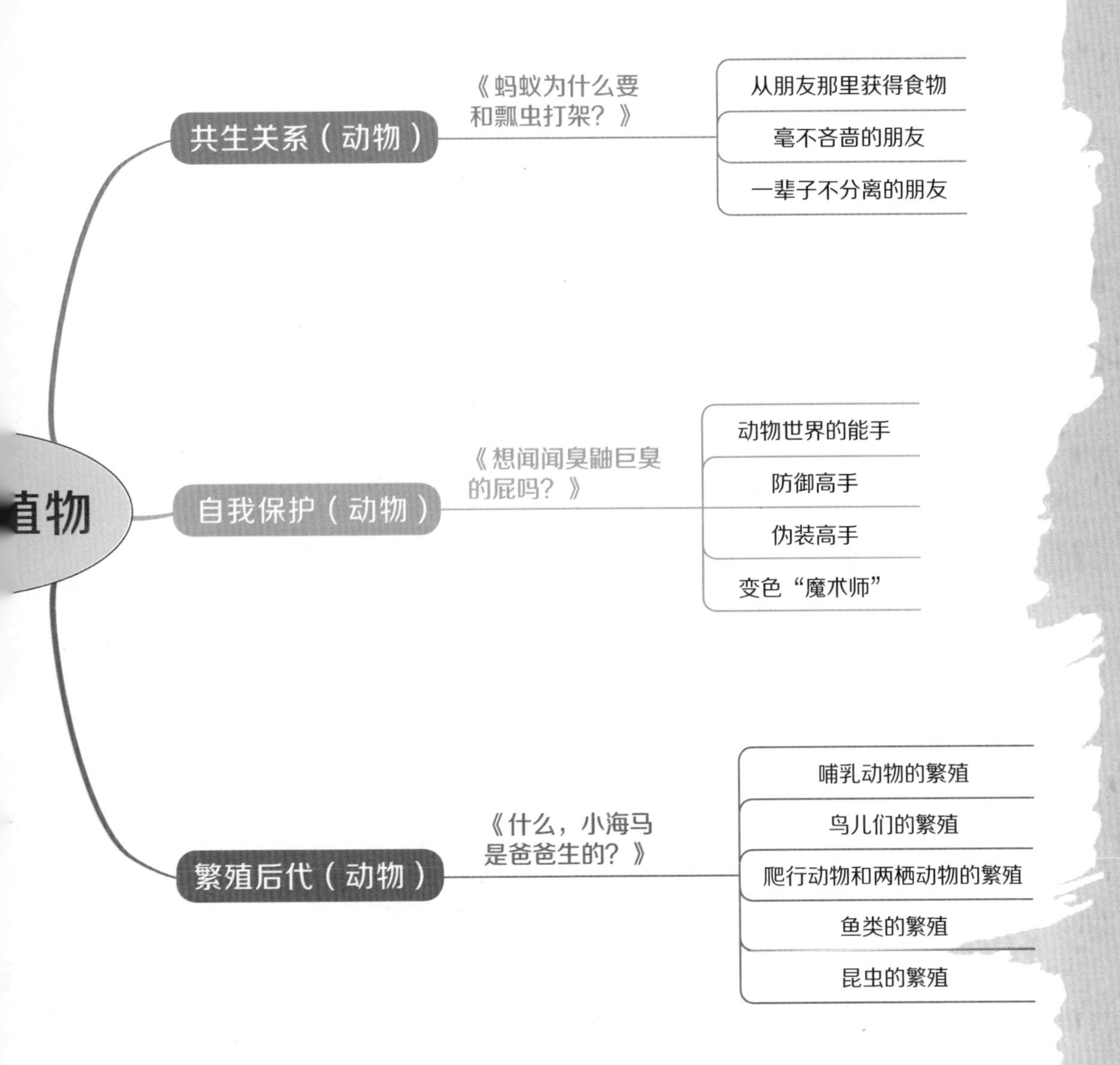

植物
共生关系（动物）
《蚂蚁为什么要和瓢虫打架？》
从朋友那里获得食物
毫不吝啬的朋友
一辈子不分离的朋友
自我保护（动物）
《想闻闻臭鼬巨臭的屁吗？》
动物世界的能手
防御高手
伪装高手
变色“魔术师”
繁殖后代（动物）
《什么，小海马是爸爸生的？》
哺乳动物的繁殖
鸟儿们的繁殖
爬行动物和两栖动物的繁殖
鱼类的繁殖
昆虫的繁殖

生命，它那美丽珍贵的故事

一切活着的生物终归都要死去，不过生命却不会就此结束，因为生物在死前会留下自己的子孙后代。就这样，生命会一代一代地繁衍下去，这个世界也因此生生不息。

交配，是生命得以延续的重要环节之一。虽然人可以单身度过一生，不过在比人类社会单纯的动物世界里，动物们活着最重要的目的，就是繁殖自己的后代。

动物们为了交配会想尽办法，倾尽所能。比如柞蚕，为了吸引远处的异性，会散发出可以传播3000米带着香味的气体；雄性鮟鱇鱼则会放弃自由，无私地寄生在雌性鮟鱇鱼体内；雄性孔雀为了吸引异性与之交配，会在雌性孔雀面前极力展示自己美丽的羽毛；雄性园丁鸟则会在巢穴的装饰上费尽心思。

还不止这些呢！在象海豹的世界里，只有最强壮的那只才有交配权，因此它们为了交配通常要付出生命的代价；雄性螳螂在交配后就会心甘情愿地成为雌性的食物；在生机勃勃的春天，鸟儿明快的叫声和夜晚青蛙“呱呱”的叫声，也都是为了吸引异性。

这本书的内容就是关于动物们交配的故事，让我们一起去了解一下，动物们为了子孙后代的繁衍在进行着怎样的努力吧！还有，希望各位读者能爱惜和尊重身边的一切生命。

阳光和樵夫

目 录

1 哺乳动物的繁殖

2 鸟儿们的繁殖

3 爬行动物和两栖动物的繁殖

4 鱼类的繁殖

5 昆虫的繁殖

1 哺乳动物的繁殖

•“毛孔”独特的座头鲸

鲸鱼的祖先曾经居住在陆地上，那时候它们的身上还长着毛发，但是后来鲸鱼由陆地生活转为水生生活，它们的毛发也大部分都褪去了，只留有一小部分。座头鲸的毛发极其独特，在它们的嘴边有20～30个瘤状的突起，在每个突起的上面都长有一根毛，而身体的其他部位却没有毛。

为异性献唱的座头鲸

这是谁的歌声呢?

“巴乌巴乌，切切切切，咦耶咦耶咦耶，切切切切，咦耶咦耶咦耶……”

在美国加利福尼亚州附近洁净的海水里，持续传来这种奇怪的声音。如果说这是动物发出的声音，它持续的时间又未免太长；如果说是某种机器的声音，听起来又太过复杂。这种与歌声有些类似的声音会以一定的节奏和曲调持续几个小时。

那到底是什么声音呢？难道是**美人鱼的歌声**吗？令人惊讶的是，原来那是被称为“座头鲸”的一种鲸发出的声音。

歌声可以传播上百公里

座头鲸的体长有12～15米，在鲸当中也是属于个头比较大的种类，座头鲸的背部呈黑色，腹部呈白色。

座头鲸和候鸟一样，根据季节的变换，生活的地域也不相同。**夏天它们会游到冰冷的极地海域觅食，冬天则会游到温暖的热带或亚热带水域。**

夏天，在极地海域生活时，雄性和雌性并不在一起生活。雌性座头鲸会领着自己的孩子一起生活，雄性座头鲸们则会另行结伴，或独自生活。只有冬天回到温暖的水域之后，雌性和雄性座头鲸才会在一起开始交配。

相距甚远的它们是怎样找到对方，从而进行交配的呢？

我们惊奇地发现，原来它们的联络方式居然是唱歌。**到了交配的季节，雄性座头鲸就会为了找到交配对象而努力歌唱，歌声大约可以传播160千米。**

这就导致雌性座头鲸可以提前感知雄性座头鲸的方位，如果它觉得歌声优美，那么就会循着歌声的来源游去。其他的雄性座头鲸会因为察觉到有了竞争对手而倍感紧张。

•受到“保镖”专门护卫的母子

座头鲸是一种专情的动物，每条雄鲸只有一个妻子。雌鲸每2年生育一次，怀胎约11个月才生。当雌鲸带着幼鲸时，往往另有一条雄鲸紧跟其后，它的任务是对入侵的其他鲸或小船进行拦截，但是它的能力也是有限的，要是遇上凶恶而狡猾的虎鲸群时，它就无能为力了。

座头鲸

•长有最大的胸鳍

座头鲸拥有鲸类中最大的胸鳍——就是长在胸前用来划水的“手臂”，前缘具有不规则的瘤状锯齿，整体看上去就像一把大锯，其长度可达5米。座头鲸也因此被称为“长鳍鲸”“巨臂鲸”“大翼鲸”等。

•每年定期的“搬家活动”

每年座头鲸都会进行有规律的洄游，来改变不同生活期的生活水域，以满足不同生活期的需要。它们主要在南北两个方向进行洄游，夏季洄游到冷水海域索饵，冬季到温暖海域繁殖。在洄游期，它们通常是不会分心去猎取食物的。

世界上最美丽的声音

座头鲸还被人们称为“发出**世界上最美丽声音**的鲸”。为什么这么说呢？

座头鲸的歌声并不是盲目地乱吼乱叫，而是有一定的节奏和频率，似**哭泣**、似**呻吟**、似**呼噜**，并且一般会持续5～35分钟。在唱歌的时候，座头鲸可以连续唱好几个小时。有时候，它们还会把副歌部分进行改动呢！

因为传播范围很广，因此很多雄性座头鲸都会从对方歌声中取长补短，然后模仿学习，没准在下一年这首歌就流行起来了。当然，如果出现更为优秀的“作曲家”，之前的歌就会逐渐落伍过时，很快被淘汰掉。

鲸示爱，鱼虾遭殃

当一对座头鲸终于走到一起后，它们会在接下来的一段时间里**载歌载舞**。它们时而齐头并进，时而用巨大的鳍互相拍打对方，时而腹部朝上地在水中嬉戏。

·有点驼背的鲸

座头鲸又叫作“弓背鲸”或者“驼背鲸”，由它的名字便可猜出，它们应该具有驼背的特征。的确如此，座头鲸的背鳍较低，短而小，背部不像其他鲸类那样平直，而是向上弓起，形成一条优美的曲线。

你可以想象一下，如果体长超过10米的鲸鱼高兴地“跳舞”，那带来的影响会是什么样呢？恩爱的鲸鱼可能会感到幸福，但周围的小鱼小虾们可就遭殃了。对这些小鱼小虾们来说，鲸鱼的示爱行动就像大地震一样可怕。

气泡做网，抓捕食物

发现成群的小鱼或磷虾后，座头鲸会先游到它们的下方，然后从喷水孔中喷出空气，使食物被气泡网包住。之后，它会张开大嘴，再从气泡网下方近乎笔直地游上去，利用口腔内的鲸须捞取猎物。

通过叫喊声决一胜负的马鹿

为什么要吼叫？

秋季的北欧丛林，忽然传来了某种动物的悠长叫声。乍一听，**好似牛哞，又似狮吼**，让人很难辨别。

到近处一看，原来是两只长着角的马鹿面对面地站着互相吼叫。这么漂亮的动物为什么会发出如此奇怪的声音呢？而且这两只马鹿为什么要冲对方吼呢？是在吵架吗？

力量大的雄鹿可以拥有多个伴侣

马鹿主要生活在欧洲、亚洲和非洲西北部树木茂盛的丛林里。成年后肩高约有1.2米，夏季时体毛呈红色，冬季时则呈灰褐色。

·行动非常敏捷的马鹿

马鹿的视力不是很好，但是它们有着灵敏的鼻子和极好的听力。而且它们一般喜欢生活在安静的地方，所以它们对周围的响动非常敏感，一有惊动，它们就会迈开大长腿连跑带跳地跑开。

马鹿就算在繁殖期找到了伴侣，也不会和伴侣一直生活在一起。**繁殖期结束后，雌鹿就会带着幼崽互相结群生活，而雄鹿也会和其他的雄鹿结群生活。**

只有在繁殖期，也就是秋天的时候，雌鹿和雄鹿才会待在一起。不过马鹿并非“一夫一妻制”，一头雄鹿可以拥有多头雌鹿。

像这样一只雄性动物拥有多只雌性动物的“婚配”形式被称为“一夫多妻制”。在“一夫多妻制”的动物世界中，只有最强壮的雄性才可以成为首领，拥有伴侣。因此，一到繁殖期，雄性之间就会**展开激烈的竞争**，以争夺领地和伴侣的所有权。

不过，可能因为马鹿是喜欢和平的动物，雄性马鹿之间展

开竞争的方式一点儿都不血腥，反而还比较有趣，那就是冲对方吼叫一番。

·夏天和冬天要换装

马鹿在冬天和春天会换上不同的毛。在夏季，马鹿的身上只有一些短短的毛，身体呈赤褐色，所以又被称为“赤鹿”。但是一到冬季，它们会换上厚密保暖的灰棕色的毛，屁股上还会有一块桃心状“臀斑”，非常有特点。

你的嗓门比我大吗？

那些在运动场上全力喊过“加油”的朋友们可能知道，长时间用力喊叫并不是一件轻松的事情，需要足够的体能和力量，所以强健的体魄与健康的身体是必备条件。雄性马鹿们之所以会选择用叫喊声来决一胜负，就是因为体弱的马鹿是不可能长时间吼叫的。

·马鹿是马和鹿的后代？

马鹿并不是马和鹿杂交的后代，而是因为它们的体形长得像骏马，所以才被称为“马鹿”。而且一般不同种类的动物是无法进行杂交得到后代的，因为它们之间存在生殖隔离。

·马鹿和马陆

说来真是有趣，在世界上总是有和自己同名或谐音的人。在动物界也会遇到这样的事，就比如马鹿和马陆，虽然它们的名字听起来一样，但是它们却是两种完全不同的生物哦！马陆只是一种脚很多的小虫子，又被称为“千足虫”。

因为只听声音就可以判断对方的力量，大部分雄性马鹿的竞争到这一步也就结束了。**吼声较低或无法坚持下去的雄性会主动承认失败。**不过有时候，光凭叫喊声是无法决出胜负的，这时雄性马鹿们就会并肩站在一起，一起向前进。

乍一看，它们两个仿佛多年的好友正在交流感情，其实不然。在并肩走的过程中，它们会互相比拼体格、肌肉、骨骼等情况，判断对方是不是自己的对手。若是到了这个地步仍无法决出胜负，雄性马鹿们就会角对着角，展开真正的战斗。

不见血而决胜负的智慧

如果从开始的时候直接角对着角进行血腥争斗，不就可以立决胜负了吗？为什么雄性马鹿要选择如此曲折的方法呢？

这是因为，这样的战斗动辄就会出现**角断体残**的结局，太过危险。受到这样严重的伤害后，这只雄鹿不仅很难觅食，而且容易沦为猛兽或猛禽的猎物。因此，雄性马鹿希望战斗在互相吼叫或并排走的阶

•行为怪异的雄马鹿

在每年的9～10月，雄马鹿的举止会特别怪异，它们很少取食，常用蹄子扒土，而且频繁地排便，还会用脚踢撞树干，将树皮撞破或者折断小树，并且它们还会大喊大叫。它们这是在干吗呢？原来它们正处于发情期，雄马鹿的性激素分泌会大增，所以它们就会变得很暴躁。

段就可以结束。换言之，它们选择的是和平的决胜方式，而不是**你死我活的战斗**。

从角的形态判断能力

通常只有雄鹿才有角，而且角的状态可以展示这只雄鹿在族群里的地位。如果想要拥有光滑而强健的角，就需要摄取足够的食物，而要做到这一点就要拥有广阔而肥沃的领土。实际上，势力范围较广且拥有较多伴侣的雄鹿通常都有比较大的角，体格也较为强壮。

浴血奋战后
才能得到交配权的象海豹

这是谁干的?

1月的美国加利福尼亚州某岛屿上，几只象海豹正躺在海岸边休息。不过奇怪的是，其中有着大鼻子的雄性象海豹几乎个个带伤，而雌性象海豹全都**毫发无损**。仔细一看，甚至有些雄性象海豹连自己的**鼻子都断掉了**。这究竟是怎么回事?

答案非常令人吃惊，这其实是雄性象海豹们互相争斗的结果。

雄性象海豹的体格是雌性的三四倍

象海豹和海狮、海象一样，也属于生活在大海中的哺乳动物。它们可以一口气下潜至600米深的海底，也可以潜水一个小时以上。它们对大海的适应能力由此可见一斑。不过，它们和其他哺乳动物一样，也是用肺呼吸的胎生哺乳动物。

雌性象海豹和雄性象海豹的差别非常大。雌性象海豹的外形和普通海豹类似，但雄性象海豹则有明显的大鼻子，就像象鼻子一样。当然，长度可比不过真正的象鼻子。

雌性和雄性象海豹的体格也相差颇大。成熟后的雌性象海豹体长约3.5米，重约900千克，而雄性体长约6.5米，重达3500千克。就算只是目测，也能看出雄性象海豹要比雌性大3倍以上。

平时象海豹是散居的，只有在繁殖期才聚集到人迹罕至的海边或孤岛上。它们也是“一夫多妻制”的动物，一只雄性象海豹通常

• 反应迟钝的大块头

象海豹是目前世界上公认体形最大的海豹，是鳍足亚目动物中的兽王。但是象海豹的反应真的有点迟钝，人们轻轻地来到它的身旁，象海豹竟会毫无知觉，继续在沙滩上睡大觉，就像沙滩上只有自己似的，泰然处之，无所忧虑。

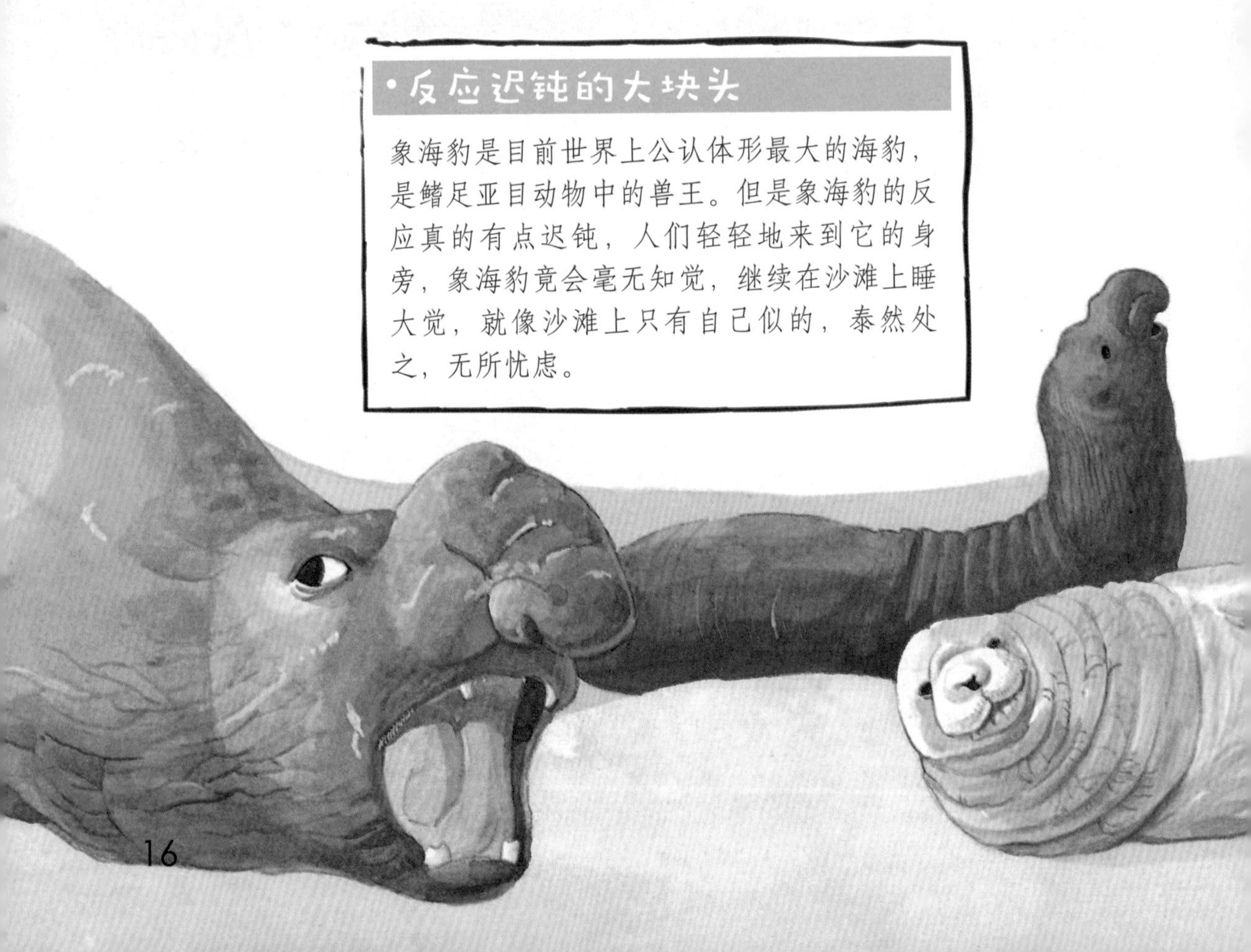

可以拥有13～30只雌性象海豹。因为这个比例实在是太高了，所以大部分雄性象海豹是没有交配机会的。一到繁殖期，雄性象海豹之间就会展开激烈的争斗。要知道，只有力量最大、体格最强壮的雄性才可以获得交配权，留下自己的后代。

只有“大力士”才能讨美人欢心

到了繁殖期，雄性象海豹来到海边后首先会划定自己的势力范

围。和马鹿一样，象海豹也会大声吼，**吼声持续时间越久，力量就越大，体格也就越健壮。**这样的雄性象海豹一般很少受到其他雄性的挑战。

如果两只雄性象海豹吼声的高度和时间相似，它们就会在海边互相碰撞上身，展开一场激烈的战斗。前面说过，成熟的雄性象海豹重达3500千克，它们的撞击力非常惊人，冲撞过后象海豹要颤抖好一会儿才能缓过劲儿来。这还不算，战斗时它们还会用尖利的犬齿撕咬对方的脖子和鼻子，弄得**血花四溅**。

即便战斗如此激烈，也没有一只雄性象海豹会不战而退，它们都会一直战斗到分出胜负为止。雄性象海豹的体形远大于雌性的原因也在于此，体形越大胜算就越高，因此雄性象海豹在进化时就是朝着体形变大的方向进化的。

对我来说，你太重了

如果你有幸看到了繁殖期雄性象海豹打斗的场面，就会深刻了解它们想要留下后代的愿望是多么强烈。不过有些时候，这种强烈的愿望还可能会使雌性象海豹或幼崽受到致命的伤害。因为雄性象

•笨重的身体既是优势又是劣势

象海豹庞大的体形可以吓退敌人和维持热量。在求爱时，雄象海豹庞大的躯体有助于自己获得交配权。但是笨重的身体也使得它们行动不方便。它们的前腿非常短小，要支撑起它那庞大的身躯非常困难，所以它在岸上移动时，必须把全身重量放在肚皮上，靠它支撑着身体，然后再靠两条前肢吃力地向前移动。

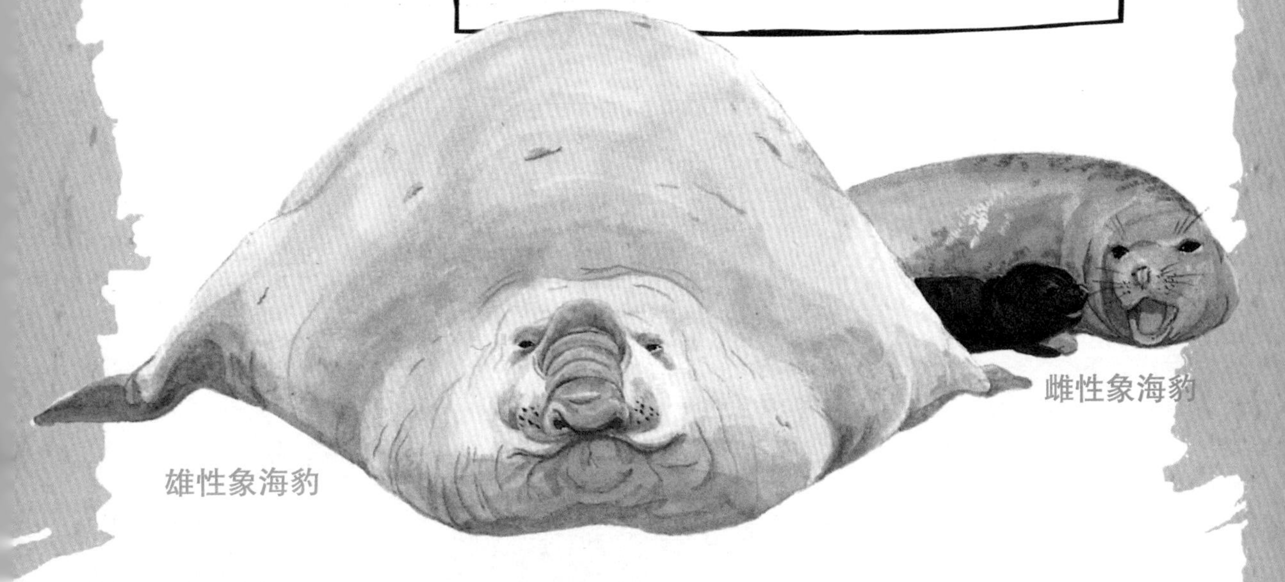

•满月后就要独立生活了

刚出生不久的小象海豹身上披着一层卷曲的乌黑发亮的胎毛，当它们还小的时候，它们可以依偎在母亲的身旁，不用担心食物和安全问题。但是在出生一个月后，它们就会换上一身柔软的银灰色外衣，要自己下海学会游泳和觅食，开始独立生活了。

•潜水高手

如果非要给动物界的潜水运动员们颁个奖的话，象海豹虽不能拿到金牌，但拿个银牌还是没问题的。象海豹可以下潜到2000多米以下的深海，这个成绩虽然比不过抹香鲸，但也算是非常惊人了。

海豹的体重太重，有些雌性象海豹在交配时甚至会被其压死，而旁边的幼崽也可能会被雄性象海豹踩死。虽然雄性象海豹足够健壮，极富雄性魅力，但从另一个角度来说，它可能也是可怕的丈夫和父亲。

•千万不要挡我的退路

在观看象海豹时，千万别绕到象海豹的后面，不然象海豹可能会对你大发雷霆哦！因为象海豹很害怕别人切断它通向大海的退路。

象海豹和海象的区别

象海豹中只有雄性的鼻子才是膨大的，而海象则是雌性和雄性都具有长牙。此外，象海豹和海象在陆地上的移动方式也不同。象海豹在陆地上无法使用后肢，因此前进时也只能靠前肢拖着身体。海象就不同了，它们甚至可以用四条腿走路。

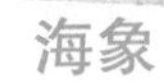

海象　　象海豹

通过铁头功
来获得交配权的大角羊

快点停下来，小心脑袋啊！

在险峻的落基山脉半山腰处，两只拥有一对大角的羊隔着10米远站定了。片刻后，它们稍微抬了一下前脚，然后就以**迅雷不及掩耳之势**互相朝着对方跑了过去，最后头对头地撞到一起。在那一瞬间，“啪”的声响传得很远，很远……

太吓人了！这么用力地撞在一起，它们还能活命吗？

令人惊讶的是，这两只羊仿佛只是做了件**微不足道**的小事一样，径直转身回到了原来的地方，又开始了新一轮的撞击。

它们究竟是谁呢？为什

•和牛一样是反刍动物

大角羊和牛一样，也有瘤胃，能对吃进去的食物进行深加工，里面的菌群会把难以消化的纤维素分解掉。大角羊吃的食物非常难以消化，所以它们的消化过程也会相对漫长。它们为了充分吸收食物里面的营养，会一遍一遍地进行反刍。

么在如此险峻的山上，拼了命地比铁头功呢？

它们就是大角羊。

世界上最坚固的头

大角羊是北美特有的

•占有优势地位的领头羊

大角羊的发情期在每年的11—12月份。一般到了9月份，领头公羊就会开始把其他公羊赶出去。到了10月份，公羊就开始向母羊求爱。这时，占有统治地位的公羊会非常狡猾地把母羊赶到其他公羊不能够接触的悬崖边上，只留给自己。

食草动物，主要生活在岩石和峭壁较多的山丘地带。大角羊可谓是“羊如其名”，有非常大的角。在族群中，雌羊和雄羊都有角。其中，雄羊的角最长可以达到1米多长，朝两侧伸展。

平时，雄羊和雌羊不生活在一起。雌羊总是和幼崽们成群结队，而雄羊只在繁殖期才回到族群。它们是“一夫多妻制”的动物，因此雄羊之间会因交配权而展开激烈的争斗。它们的比拼方式就是用**铁头功**来一决高下。

比拼时，雄羊会先抬起强健有力的前蹄，用力朝对方踢去，就像两个**拳击手**一样。然后它们就会转身跑到不远处，再全速向对方冲过去，头对头地撞在一起。因为太过用力的缘故，撞击时发出的声响甚至可以传到两三千米远。**雄性大角羊就是通过连续几次撞击来分出胜负的。如果一直都无法分出**

雄性大角羊

•招来杀身之祸的大角

大角羊最有特点的地方便是它们的大角，而这也是雄羊们引以为傲的资本。雄羊头上的大角不仅能让雄羊获得统治地位，而且也可以保护整个家族，使得家族能够生生不息。但是当雄羊的大角被猎人盯上，那也就意味着灾难的到来。大角羊的数量也因此大量锐减。

胜负，这种撞击甚至会持续一整天，最终两败俱伤。有时候还会发生某一方的角断裂或是精疲力竭掉下悬崖的悲剧。

·负责保护家族的“当家羊”

大角羊通常是由一头或几头成年雄羊率领雌羊或幼崽结成十余只的小群活动的。成年雄羊作为“当家羊”，它们必须要负起保护整个家族的责任。所以它们经常会选择在高而突出的、视野开阔的岩石上休息观望。它们的视觉非常敏锐，能发现远处的危险并及时向群体发出警告。

不过，就算身体因为撞击而受到了伤害，但至少它们的头是不会破裂的。这究竟是为什么呢？

一般的撞击只是小意思

撞击时，大角羊的时速超过了30千米，也就是每秒8米多。**如果是两个人以这种速度撞头，肯定是头骨破裂、大脑受损；严重的话，还可能丢掉性命。**

不过，大角羊基本上不会发生丧命的悲剧。虽然冲击力会让它们晕眩一会

雌性大角羊

儿，但很快它们就会恢复过来，并进行新一轮的撞击。这是因为它们有结构独特的头骨。

大角羊的头骨非常坚硬，内部有无数个小孔，就像海绵一样。因此在与坚硬的物体撞击时，它们的头部可以吸收大部分冲击力，从而把伤害减至最低。它们形状奇特的大角也可以起到减震的作用，和人类的头骨相比，大角羊的头骨可以承受6倍以上的冲击力。

·消失的大角基因

大角羊有着引人注目的大角，而这也是大自然的一种奇观。但是它们的大角却给它们招来杀身之祸。许多有着大角的雄羊还没来得及把大角基因传下去，就死于猎人的枪下了，而留下来的都是一些没有角或者大角的基因没那么好的羊，结果它们的后代都长不出像它们的祖辈那样的大角。

为什么雌性会接受“一夫多妻制”？

在繁殖期，两只雄性的争斗只能是以一方晕倒或逃跑而结束，而胜利的一方就会获得与势力圈内所有雌性交配的权力。

不过，为什么雌性动物们会接受“一夫多妻制”呢？难道它们不会嫉妒、伤心吗？

动物们之所以结为夫妻，完全是为了繁殖后代。**在动物的世界里，雄性与越多的雌性交配，就可以留下越多的后代。**而从雌性的角度来说，它们每次生下的后代数量都是非常少的。尤其是大角羊、马鹿、象海豹等动物，每年最多只能生下一个宝宝。因此，为了尽可能多地生下健康而茁壮的宝宝，它们在择偶时也就只能选择更加健壮的雄性。所有雌性都是这样的想法，因此优秀的雄性身边自然会聚集很多雌性了。

可以攀爬岩石峭壁的大角羊

大角羊的四蹄是外刚内柔的结构，即外侧很坚硬，内侧则像橡胶一样柔软而又有弹性。因此，大角羊就算是在岩石较多的峭壁上也可以跳着攀爬，而不用担心滑下去。

深度了解

哺乳动物的交配

哺乳动物若要留下后代，雌雄之间一定要进行交配。那么，它们是如何分辨对方性别的呢？

部分哺乳动物在成熟后，雌性和雄性的外形会出现变化。比如，雄狮会长出鬃毛，雄性象海豹的鼻子会膨大。再比如人类，成年男性会长出喉结和胡须。雌性就是通过这些外形的变化特征来判断对方性别的。

但是，如果雌雄双方的距离较远，就需要采用别的方法了。大部分哺乳动物们选择的方法就是通过气味来宣告自己进入了繁殖期，并且做好了交配的准备。繁殖期的雌性会分泌出一种特殊的气味来引诱附近的雄性。虽然看不到对方，但雄性却可以通过随风传来的气味判断雌性的方位，并“闻味而至”。

在人类社会，我们已经习惯了一夫一妻制，但这在动物世界里却非常罕见，只有狐狸、狼等极少数的动物是“一夫一妻制” 。大部分都是像老鼠或蝙蝠一样每个季节换一个配偶，或是像象海豹或马鹿一样采取“一夫多妻制”。

在“一夫多妻制”动物的世界中，战败者是没有交配权的，因此也无法留下自己的后代。所以每到繁殖期，雄性之间的竞争就越发激烈。

动物们的竞争方式因种而异，既有像象海豹一样展开血腥争斗的动物，也有像马鹿一样展开和平竞争的动物。

确定配偶以后，大部分动物们都会互相舔舐毛发或依偎在一起，表示亲密，然后才开始交配。交配时，受精会在雌性体内完成，形成受精卵，开始孕育新生命。

相互之间表达亲密感的哺乳动物

2 鸟儿们的繁殖

•机警的孔雀

孔雀在“居安思危”这方面做得非常好，它们时刻保持着警惕状态。在活动时，它们会常常抬起头来观望动静，一旦发现有危险靠近，它们就会逃走。

用美丽的羽毛吸引异性的孔雀

喂，你是谁啊？

初夏的动物园，一只鸟儿头上顶着仿佛王冠一样的饰羽，身后的尾羽则呈扇形般展开，**神情充满了骄傲**。这就是进入繁殖期的雄孔雀。啊，既然雄孔雀都这么美丽，那雌孔雀该有多美啊！

就在这个时候，雄孔雀的尾羽后面出现了几只看上去很普通的鸟。它们的外形虽然和雄孔雀相似，但

·不爱搬家的鸟

孔雀属于留鸟。留鸟就是指那些终生生活在一个地方的，不随季节迁徙的鸟。可能是因为它们不善于飞行的原因。试想，拖着那又长又大的尾巴，要想飞上天该是一件多么费力的事。一般在天上飞的鸟都是那些比较小巧、体态轻盈的鸟。

既没有扇形的尾羽，羽毛的色泽也极为平凡。两相对比之下，后者显得逊色多了。

你一定想不到，它们就是雌孔雀。

美丽的雄性和平凡的雌性

孔雀原本生活在热带地区的水边，以植物的果实或各种虫子为食。孔雀分为以亚洲为故乡的蓝孔雀与绿孔雀、以非洲为故乡的刚果孔雀。它们有着极为美丽的羽毛，几乎全世界的动物园里都可以见到它们的身影。

•既然不善飞，那就要学会跑

生活在这个弱肉强食的世界，没有逃生技能是不行的。孔雀虽然不善于飞行，但是它们善于奔走，孔雀行走时步履轻盈矫健，一步一点头，像个谦谦君子，疾走时像奔跑一样。它们在逃避敌害时多大步急驰，逃窜于密林中。

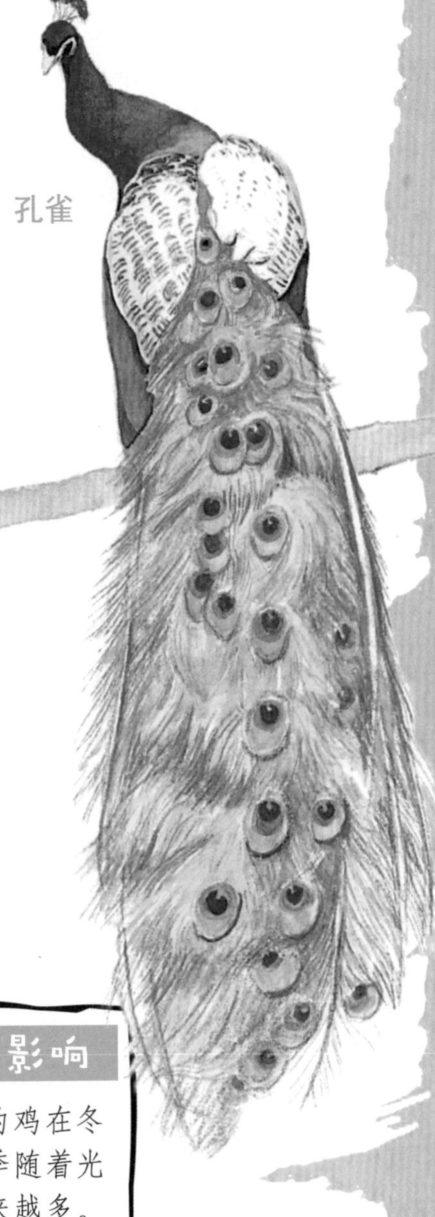

孔雀

•凤凰的原型原来是绿孔雀

孔雀有蓝孔雀和绿孔雀之分，其中绿孔雀才是中国土生土长的孔雀。中国传说中的神鸟“凤凰”的原型就是绿孔雀。孔雀虽然名字中有“绿”字，但其身上的羽毛并不只是绿色，它能随着光线的变化呈现翠绿、蓝绿、古铜、金黄等多种颜色的变化，魔幻又迷人。但是，令人遗憾的是，中国绿孔雀的数量越来越少，岌岌可危。

•孔雀下蛋也受光照影响

你们知道吗？通常家里养的鸡在冬季下蛋会比较少，而在春季随着光照的延长，下的蛋也会越来越多。同样地，孔雀的下蛋率也受到光照的影响，如果在孔雀的产蛋期延长光照时间的话，那就可以得到更多的孔雀蛋了。

孔雀进入繁殖期后，雄孔雀就会长出美丽的饰羽。**在雌孔雀面前，雄孔雀会纷纷伸展这些饰羽成扇形，展示自己的姿容。**在阳光下，尾羽上的眼状斑纹仿佛也在闪闪发光。

·美丽的孔雀舞

孔雀舞是中国少数民族傣族的传统舞蹈。在傣族人民心目中，“圣鸟”孔雀是幸福吉祥的象征。人们模仿孔雀的姿态，再加上特制的孔雀服装，编排出了孔雀舞。说起孔雀舞，相信大家都会想起著名舞蹈家杨丽萍，她将现代舞蹈元素和传统的元素相结合，将孔雀之美演绎得惟妙惟肖。

和雄孔雀相比，雌孔雀就显得太平凡了。平时，因为雌孔雀的色泽平凡，很容易被人们忽略。到了繁殖期，雌孔雀不会长出饰羽，它们和雄孔雀的差别就显得更大了。

那么，为什么雄孔雀会比雌孔雀长得美丽呢？

进入繁殖期后，一只雄孔雀最多可以拥有5只雌孔雀，但选择交配对象的权力并不在雄孔雀手里。当雄孔雀们在各自的势力范围展示饰羽的时候，雌孔雀们就会从中选择心仪的对象进行交配。因而，雄孔雀就朝着越来越美丽的方向进化了。

饰羽的秘密

在观察雄孔雀的饰羽时，雌孔雀会格外关注上面的眼状斑纹。**雄孔雀饰羽上的眼状斑纹越明显、越整齐，就越容易被雌孔雀选中。**要知道，这些眼状斑纹就像是雄孔雀的健康证明书一样，雌孔雀可以从中解读出雄孔雀身上是否有寄生虫。**如果雄孔雀曾因寄生虫而生过病，那么眼状斑纹就会不够明显、不够整齐。**

在大自然中，威胁孔雀生命的并不只有那些体形庞大的狩猎者，一些极小的寄生虫也会给它们带来极大的威胁。如果孔雀的身体上有很多寄生虫，它们的健康就会每况愈下，这样一来就极容易被狩猎者捕获。有时候，一些孔雀还会因寄生虫带来的疾病而失去生命。

因此，雌孔雀在挑选配偶时会仔细观察饰羽

上的眼状斑纹。要知道，那些身上有过寄生虫的雄孔雀，不仅可能会把寄生虫传染给雌孔雀，还有可能导致生下的后代也不健康。

真羡慕雌孔雀

雄孔雀的饰羽很长，大约超过体长的2倍。可以想象，雄孔雀每天都要顶着这么大的饰羽并不是一件轻松的事情。不仅容易被绊倒，而且在受到敌人攻击时也不方便逃跑。所以，雄孔雀们可能非常羡慕雌孔雀：“如果我也可以像它们那样轻松就好了……”

通过尾巴的外观来选择配偶的雌燕

尾巴细长的雄燕很容易受到雌燕的青睐，而那些尾巴粗短的雄燕则几乎不会被雌燕们选中。有一种寄生虫螨虫会威胁燕子的健康，尾巴越是细长的燕子被螨虫寄生的概率就越低。此外，尾巴细长的雄燕留下的后代也更容易抵抗螨虫带来的疾病。

用美丽的鸟巢吸引异性的园丁鸟

这是谁的巢?

澳大利亚的丛林里出现了一种非常漂亮的鸟巢。鸟巢是用梳理过的树枝搭建而成的，又大又圆又美观，而且还有红色果实、黄色树叶和尚未凋零的花朵等装饰品。

·拥有审美智慧的园丁鸟

园丁鸟在修筑求偶亭的时候展现出极好的审美。比起其他鸟儿，它们似乎表现得更具智慧。为什么呢？这其实和它们的大脑发达程度有一定关系，原来那些修筑求偶亭的园丁鸟比起分布在同一动物地理区、生态环境相似、同等体形的其他鸣禽拥有相对更大的大脑。

这究竟是谁的杰作呢？为什么能把自己的巢穴建造得如此漂亮呢？

让人惊讶的是，这么大的鸟巢其实是一只小鸟做出来的。它就

·恋旧的园丁鸟

雄园丁鸟在对待求偶亭（吸引雌性前来的“房子”）这件事上十分谨慎，它们不仅会花心思来设计和装饰自己的求偶亭，而且它们还对自己的求偶亭表现出极大的忠诚度。它们不会随意改变自己的亭址，而是长期使用同一个地址，有的甚至一用就是几十年。

是生活在南太平洋岛屿上的园丁鸟。

它们筑巢的目的并不是为了在里面生活

园丁鸟主要分布在新几内亚岛、澳大利亚等位于南太平洋的岛屿上，通常在森林或草原地区生活，以树果、昆虫或小壁虎为食。由于种类不同，园丁鸟的大小和羽毛的颜色也相差颇大。小的和灰椋鸟一般大小，大的和乌鸦的个头差不多。有些园丁鸟的羽毛颜色异常艳丽，也有的非常朴素。

不过，所有的园丁鸟都有一个共同点，那就是**进入繁殖期后，雄鸟就会在取食方便、靠近水源的林间空地上认真筑巢。**就如在人类社会中，即将结婚的男人都会准备婚房一样，雄性园丁鸟是不是也在给雌鸟准备孵卵和育雏的场所呢？

其实，繁殖期的雄鸟筑巢的目的并不是为了在里面生活。交配结束后，雌鸟会独自到另一处僻静的地方筑巢，用来孵卵和育雏。而且，结束交配后雄鸟还会驱赶雌鸟。

那么，这些雄鸟筑巢的目的究

竟是什么呢？

不要看我的外貌，看看我的巢穴吧

雄性园丁鸟筑巢的真实目的其实是为了吸引雌性园丁鸟。因为**对于雌性园丁鸟来说，会建造美丽巢穴的雄鸟远比外形美丽的雄鸟更有魅力。**

园丁鸟

> **·雄鸟护“亭”，雌鸟护“巢”**
>
> 求偶亭是雄鸟的宝贝，而“巢”则是雌鸟的宝贝。雌鸟的“巢”更加偏向于实用性，而不那么重视美观性，因为雌鸟无须用美丽的“巢穴”来吸引雄鸟，它们修筑巢穴的目的是为了有个能够遮风挡雨的地方。雌鸟筑巢时常以粗树枝为框架，辅以干树叶和细枝筑成碗状结构，里面衬以植物卷须和其他类似的柔软物质。

正因如此，进入繁殖期后，雄性园丁鸟就会像人们给自己化妆打扮一样，把自己新建的巢穴打理得**美轮美奂**，比如把盖住巢穴的树叶啄出一个洞来，保证阳光的照射，然后再清理掉巢穴内的落叶和断掉的树枝。一些园丁鸟还会在巢穴里铺上一层柔软的苔藓，再用各种装饰品装饰巢穴。当然，它们的巢穴不仅美观，而且非常坚固，就算在暴风雨中也可以保证**屹立不倒**。一些比较高明的园丁鸟还会衔来草莓，给自己的巢穴上色呢！

> **·必须学会的技能**
>
> 修筑求偶亭对于雄性园丁鸟来说是一件非常必要的事情，就像女红对于古代女性很重要一样，雄性园丁鸟从小就要学习筑亭的技能。未成年的雄性园丁鸟需要先当五年的“学徒”，在此期间，它们需要参观其他成鸟修筑的求偶亭，然后搭建简单的“实习”亭来锻炼手艺。

园丁鸟给巢穴准备的装饰品可不是它们随意叼来的，而是以不同的颜色和形状**有序排列的艺术作品**。如果有人不小心改变这些装饰品的位置，或是添加其他装饰品，园丁鸟就会生气地把装饰品恢复到原来的位置，再把多出来的东西扔到远处。

当它们筑巢成功后，雄性园丁鸟就会在自家门口大声鸣叫，吸引雌鸟前来。如果有雌鸟喜欢它的这些装饰，它们很快就会进行交配，而雄鸟在交配结束后就会立即啄赶雌鸟。这是为了早点修复自己的巢穴，以吸引另一只雌鸟。

巢穴可以变化

> **·园丁鸟家族**
>
> 园丁鸟指的是园丁鸟这一个大科，园丁鸟科的鸟类大部分都有亮丽的羽毛，而且雌雄的颜色不同。其中有9个种类的体羽以褐色、灰色或绿色等保护色为主。而其余种类的雄鸟则具有鲜艳的黄色、红色和蓝色的羽毛，并且具有黄色或橙色的冠。比起雄鸟，雌鸟的羽毛颜色则要暗淡许多。

羽毛的形状和色泽是不可能按照鸟儿们的意愿来变化的，但巢穴就不一样了。在繁殖期，雄性园丁鸟会一直修筑自己的巢穴，有时还会把门口的装饰品改变位置或种类。在这个过程中，雄鸟筑巢的技艺越来越高超，并最终受到雌鸟的青睐。

怎么样？虽然交配完成后就赶走雌鸟的做法有些不厚道，但它们努力取悦雌鸟的做法还是值得肯定的吧？

羽毛的颜色越朴素，修筑的巢穴就越华丽

园丁鸟的羽毛颜色越是华丽，它修筑的巢穴就会越单调朴素；反之，羽毛颜色越是朴素，巢穴就会修筑得越大越复杂。例如有一种黄褐色的园丁鸟可以整理出直径达5～6米的庭院，然后在中间建造一座雄伟的巢穴，并用各种颜色的装饰品进行装饰。

黄褐色园丁鸟的巢穴

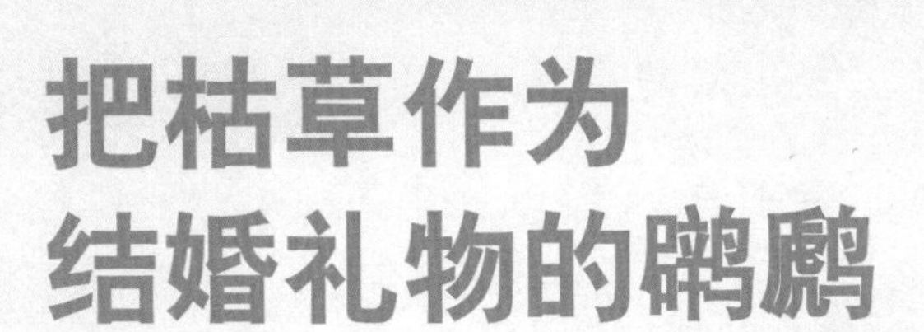

把枯草作为结婚礼物的䴙䴘

请接受我的心意

夏季的北美，一对䴙䴘（pì tì）仿佛赛跑一样在江面上飞奔着。在我们一不留神的工夫，它们就忽然钻进了水里，但没过多久它们又重新钻出水面。互相看着对方，摇摆颈部，好像在尽情地舞蹈。也不知过了多长时间，雄鸟再一次钻进了水里并很快衔出了水草屑，放在雌鸟面前，仿佛是在递交一份贵重的**求婚礼物**。

在水中很灵活，在陆地上却很笨拙

䴙䴘广泛分布于除两极以外的全球各地，其种类多达20余种，体长也从25厘米到75厘米不等。大部分䴙䴘都生活在江水或湖水中，以小昆虫、甲壳类和鱼类等为食。

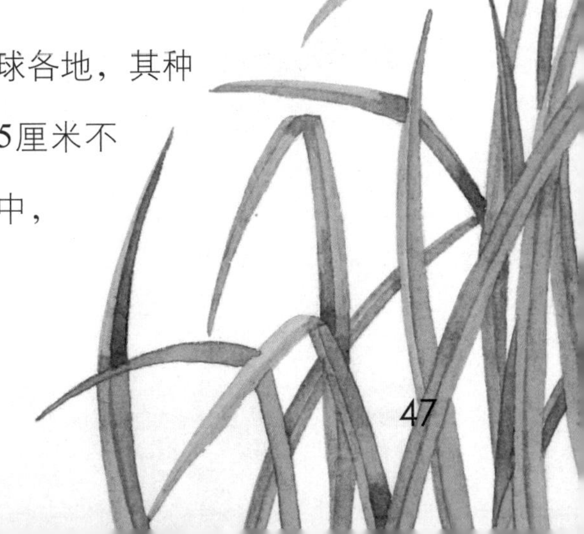

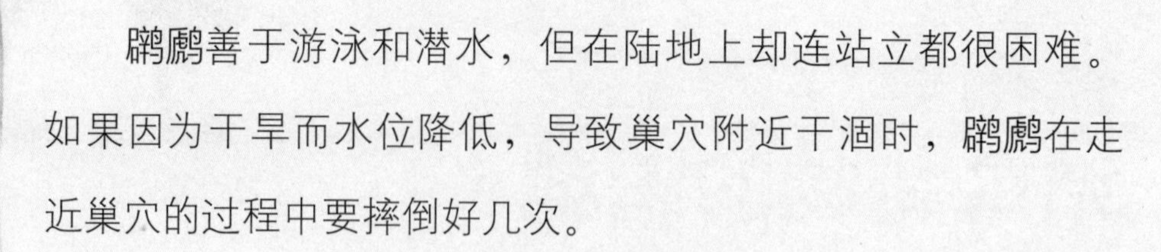

䴙䴘善于游泳和潜水，但在陆地上却连站立都很困难。如果因为干旱而水位降低，导致巢穴附近干涸时，䴙䴘在走近巢穴的过程中要摔倒好几次。

䴙䴘的繁殖期是夏季，交配也是在水中完成的。在交配之前，雌鸟和雄鸟会展开一场华丽的求爱舞蹈。它们有时候会像竞赛一样奋力在水面上奔跑，有时候会像跳舞一样摇摆颈部，有时候会优雅地在水面游动，展示自己的颈部和头上的饰羽。

在䴙䴘的求爱舞蹈中，有一个环节是必不可少的，那就是互相交换水草屑。原来，水草屑是它们的“定情信物”。

•谨慎呵护自己的宝宝

保护自己的孩子免受伤害是每一对父母的职责。动物也不例外，因为后代是种群未来的希望。䴙䴘在照顾自己的孩子时非常谨慎，一旦发现有掠食者靠近，它们就会立马用杂草把巢中的卵盖住防止被发现。在孩子学会潜水前，䴙䴘会不辞辛苦地去寻找食物喂给自己的孩子吃。

对着水草屑山盟海誓的爱情

䴙䴘不仅在陆地上行走困难，飞行本领也非常差劲。因此，它们的大部分时间都在水里度过，就连寻觅食物和交配也是在水中完成，甚至连筑巢也是在水面上完成的。

求爱时，䴙䴘们互相交换水草屑的原因就在于此，水草是它们筑巢时的必备材料。雄鸟把水草屑放在雌鸟面前的举动就好像是在说：“和我结婚吧！”如果雌鸟接受了这个水草屑，就表示接受了雄鸟的“求婚”。

经过这个步骤后，它们的夫妻关系就定下来了，之后要做的就是合力在水面上筑巢。䴙䴘的巢穴虽然在水面上，但通常不会漂移或下沉。这是因为，䴙䴘夫妇会把巢穴绑在水草丛

•待在水里才有安全感的䴙䴘

䴙䴘的脚长在身体很靠后的地方，所以走路很不稳。这也是它们不喜欢在陆地上生活的原因，不善飞又不善跑的它们如果在陆地上生活的话将会很危险。相反，它们善于游泳和潜水，所以水里才是能够带给它们安全感的地方。只要一受惊，它们就会立马潜入水中。

小䴙䴘

•常常被误认为是鸭子

小䴙䴘平时没事就喜欢浮在水面发呆，一遇到危险就一个猛子扎入水里藏起来，不久后又在另一个地方出现。所以它们经常会被误认为是鸭子，但其实它们和鸭子还是有很大区别的。比如，它们的嘴是尖的，而鸭子的嘴是扁的。

里，并经常进行修缮。

虽然浮在水面上，但却异常坚固的巢穴

筑巢后，一对䴙䴘可以产下2～8个卵。它们的夫妻感情非常好，不仅轮流孵卵，还会轮流照顾宝宝。有了这么恩爱的爸爸妈妈，䴙䴘宝宝肯定非常幸福。虽然它们的巢穴漂浮在波涛阵阵的水面上，但却是世界上最坚固的巢穴之一。

奔跑吧，䴙䴘！

䴙䴘的翅膀小而无力，想要原地飞起来几乎是不可能的。因此，它们要像滑翔机一样先助跑再起飞。虽然它们的飞行速度并不慢，但飞行本领却实在让人不敢恭维，除了在季节变迁时的长距离迁移之外，它们几乎不会飞起来。

• 一致对外时才会团结起来

北极燕鸥喜欢争强好胜，勇猛无比，所以内部邻里关系并不和睦，经常争吵不休，大打出手，但是遇外敌入侵时，它们则会立刻抛却前嫌，一致对外。

为异性觅食的北极燕鸥

它们是在激怒别人吗？

北极附近的海域中，有一只北极燕鸥正在空中观察海面，寻找食物。突然，它直插海面，紧接着，嘴里衔着一条小鱼飞了起来。随后，北极燕鸥飞回到族群停留的岛屿上空，就那么衔着小鱼在空中**不停地盘旋**。

它这是在做什么呢？原来，它是在引诱雌鸟呢！

飞行距离最远的鸟

北极燕鸥一般长33～39厘米，翼展为76～85厘米。它们的喙和两脚呈红色，头顶呈黑色，不论雌雄都是这样。

·团结就是力量

北极燕鸥聪明而勇敢，总是聚成几万只的大群体进行集体防御。貂和狐狸非常喜欢偷吃北极燕鸥的蛋和幼鸟，但在如此强大的阵营面前也得三思而后行。就连最为强大的北极熊也怕它们三分。这就是所谓的“团结就是力量”，弱小的个体团结起来可以形成一股强大的力量。

北极燕鸥是世界上飞行距离最远的鸟类。夏天，它们在北极附近交配、产卵和育雏，天气寒冷时就会朝着遥远的南极飞去。等到春天南极变得寒冷后，它们就再飞回北极。也就是说，**它们几乎每年都会绕着地球飞一圈。**

·鸟蛋越大，成活率越高

刚孵出的北极燕鸥幼鸟能否成活，在很大程度取决于卵的大小。如果卵很小，那么孵出来的宝宝极有可能营养不良，存活下来的可能性非常小。反之，大的卵孵出来的幼鸟则比较健壮，也更容易存活。为何会如此？其实在幼鸟还没孵出来时，它们发育所需要的营养物质来自卵，如果卵太小，那营养物质也会不足。

抵达自己的故乡，也就是北极附近后，北极燕鸥就会在一些人迹罕至的岛屿上集中筑巢，准备迎接繁殖期。平时，雌鸟和雄鸟的外形相差不大，因此我们很难辨认。到了繁殖期，我们就可以很容易地分辨出雌鸟和雄鸟了。那些衔着食物在族群上空飞来飞去的就是雄鸟，而在巢穴里像个雏鸟似的张着嘴叫唤的就是雌鸟。

尽情展示你的能力吧

北极的夏天很短暂，为了在如此短暂的夏季完成交配、产卵和育雏，北极燕鸥们一回到北极就会开始交配。雄鸟们衔着食物在族群上空**飞来飞去**也是交配之前的一个过程。可能是因为漫长的飞行消耗了太多体力，雌鸟们只关心那些可以给它们衔来食物的雄鸟。

待在巢穴里的雌鸟如果在衔着食物的雄鸟中发现了心仪的对象，就会发出鸣叫声，引起雄鸟的注意。等到它一口吞下雄鸟提供的食物，就会和雄鸟展开一场“**飞行婚礼**”。雌鸟和雄鸟争先恐后地飞到高处，然后又像流星一样坠向地面，展示自己高超的飞行技巧。

“婚礼”结束后，雄鸟还会

北极燕鸥

·鸟类中的长寿者

相比于其他鸟类，北极燕鸥算得上是长寿了。据调查显示，北极燕鸥的寿命可达33年以上，20多年的寿命是相当普遍的。而一般鸟类大多都活不过5年。

继续衔来毛鳞鱼、玉筋鱼等食物喂给雌鸟。但是，仅仅凭着这些是无法让雌鸟满意的。虽然雌鸟一直待在巢穴里，但它们会不停地催促雄鸟衔来更多的食物。难道雌鸟是在孵卵吗?

·改头换面重新开始

北极燕鸥每次远征之前，都要彻底脱去旧羽，换上崭新的羽毛。大概是为了换掉之前受损的羽毛，更好地为长期的飞行做准备吧!

事实上并不是这样，虽然雌鸟已经和雄鸟交配过了，但却不会立即产卵。也就是说，雌鸟虽然可以独立觅食，但却一直催促雄鸟去寻找食物。这其实是雌鸟对雄鸟的考验，经过考验后，雌鸟才会产卵。

那么，雌鸟这么做的目的究竟是什么呢?

我并不只是为了自己

交配结束后，雌鸟通常都会产卵和孵卵，这是一件非常辛苦的工作。因为此时的雌性北极燕鸥刚刚经历了漫长的飞行过程，极度疲惫，**若要安全地产卵、孵卵和育雏，需要重新积攒力气，所以雌鸟才会不停地催促雄鸟出去觅食。**

雌性北极燕鸥每次可产下大约3枚卵，但即使雄鸟夜以继日地衔来食物，能够健康成长的雏鸟也不会超过2只。如果雄鸟无法衔来食物，可能连2只也活不下来。

如果发现雄鸟提供的食物严重不足，雌鸟就会选择尽早分手。因为，这样的雄鸟肯定无法提供让雏鸟们健康成长的足够食物。也就是说，**雌鸟不停地催促雄鸟出去觅食，其实是在考验对方是否可以养活自己和雏鸟。**

一生一世的夫妻

虽然雌性北极燕鸥在挑选伴侣时百般挑剔，但一旦决定生儿育女，确定了关系，就会延续一生。每到繁殖期它们就共同筑巢、育雏，非常恩爱和睦。

彩鹬好像觉得交配是一件比较私密的事情似的，交配时它们通常会选择在较为隐蔽的草丛中进行。交配时，雌鸟站立，低头于体侧或两腿之间，尾部下压，此时雄鸟站上雌鸟的背部完成交配动作，整个交配过程只有4～7秒。交配完成后，雌鸟仍保持埋头姿势4～5秒，此时雄鸟也会做出同样的埋头姿势。

·贤惠的“家庭奶爸”

雄性彩鹬在3月下旬至4月上旬就开始营巢，通常它们需要2～4天才能完成筑巢的工作。彩鹬通常将巢筑在四面环浅水、其间有凸起地的沼泽草丛内或水稻田中，筑巢的材料多为从附近取来的枯草、水稻秸秆。

拥有多只雄性伴侣的雌性彩鹬

毫不矜持的雌鸟

夏天，一只彩鹬（yù）在江边的草丛里不停地扑腾着，它正围着另一只彩鹬转个不停。只见它时而蹦到左侧，时而蹦到右侧，时而又蹦到半空中不停地抖动着尾羽，努力地吸引对方的注意。另一只彩鹬好像不耐烦地要离开了，可这只彩鹬没有放弃，依然锲而不舍地追着对方，乞求交配。

你知道吗？这只闹腾不已的彩鹬并不是雄鸟，而是雌鸟！

它就是雌性彩鹬。

比雄鸟健壮、华丽的雌鸟

彩鹬的眼部周围有明显的黄带，它们主要生活在非洲、大洋洲和亚洲，平时在田边、

·天真的彩鹬

真不知道该用天真还是精明来形容彩鹬。彩鹬受惊时不会立马飞走，而是先隐伏不动，当人、畜走至跟前时，才突然飞走。天真的彩鹬大概是以为只要自己不动，敌人就看不见自己吧。

河边、池边或湖边以昆虫、蜗牛和蚯蚓等为食。

在鸟类的世界里，雄鸟通常都比雌鸟要健壮，而且羽毛的颜色更加华丽。但彩鹬却恰恰相反，彩鹬的雌鸟要比雄鸟健壮，羽毛的色泽也更加鲜明。**进入繁殖期后，在彩鹬的世界中是由雌鸟出去引诱雄鸟的。**

临近繁殖期，雌性彩鹬先是在地面走动或是低飞，并不停地发出低沉的叫声。这其实就是在向其他雌鸟宣布自己的领地，同时也在引诱雄鸟。

·真是个机灵的小鬼头

彩鹬的雏鸟简直就是爸爸的“贴心小棉袄”，刚出生1～2小时的雏鸟就可以走路了，这倒是给鸟爸爸省去了不少的工作。不仅如此，雏鸟还很善于隐藏自己，遇到危险时还会装死，等着爸爸来救自己。

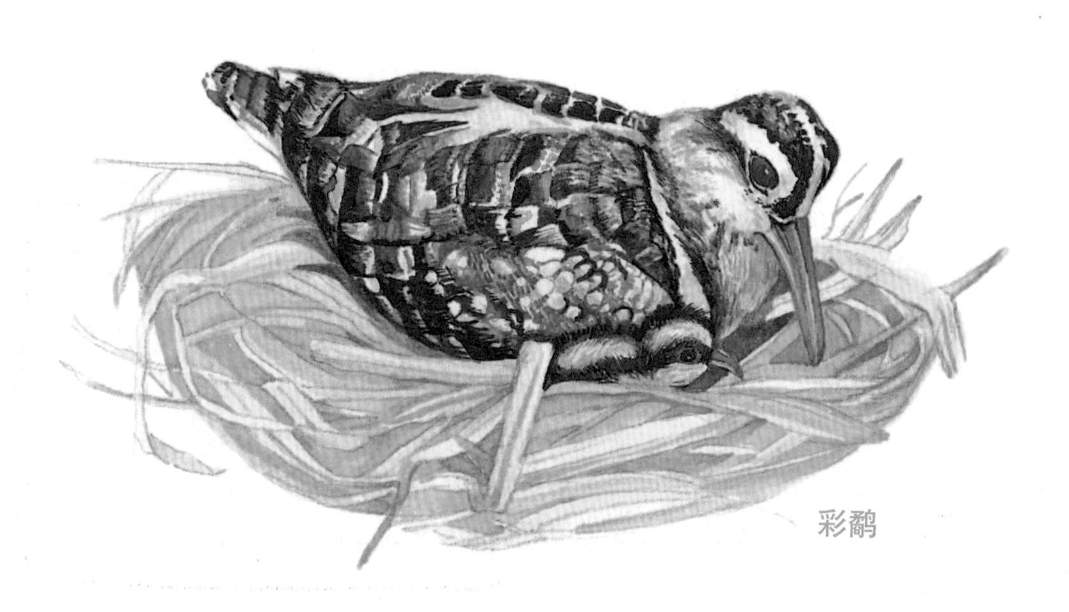

彩鹬

如果此时有其他雌鸟在附近徘徊，领地的主人就会施以威胁，驱赶对方。但是，当心仪的雄鸟出现时，雌鸟就会像蝴蝶一样扑扇着翅膀，围着雄鸟乱转，并不停地发出求婚似的鸣叫声。

有时候，**一些雌鸟还会为某只雄鸟的交配权而展开激烈的争斗。**更加奇怪的是，**在彩鹬的世界里奉行的是“一妻多夫制”！**

育雏是雄鸟的责任

进入繁殖期后，雌性彩鹬就会纷纷**划定势力范围**，然后和进入其中的多只雄鸟进行交配。和某只雄鸟交配并产卵后，雌鸟就会离巢而出，去引诱另一只雄鸟，如此反复。它们的体力也非常好，第一批卵还没有孵化出来就可以产下第二批卵。

既然雌鸟完全不管孵卵的事情，全然不顾雏鸟的死活，那么育雏的重任由谁来承担呢？

•筑巢之前先看位置

彩鹬在选择筑巢地址时一点儿都不马虎，它们必须要先看好位置，精挑细选，最后才会在食物充足、接近水源、隐蔽性强、风景优美又远离人类的风水宝地建造自己的爱巢。毕竟巢穴将来可是孩子的港湾，当然需要谨慎选择。

·称职的雄鸟

雄性彩鹬简直就是个“大暖男”，当它们的妻子产卵时，它们会耐心地等待在巢穴外面，守护着自己的妻子。等妻子产完卵后，它们会立即贴心地接过孵卵的工作。孵卵时，有时候亲鸟会给卵涂上一层泥土。

答案是显而易见的。在彩鹬的世界里，雌鸟和雄鸟的作用完全颠倒了过来。一般来说，大部分鸟类都是雄鸟到处吸引雌鸟交配，雌鸟负责产卵、孵卵和育雏。**而彩鹬却是雌鸟只管交配、产卵，雄鸟负责孵卵和育雏。**而且，这些雄鸟还全都在雌鸟的势力范围里孵卵。

彩鹬的雏鸟刚一出生就可以独立走动和觅食。不过，彩鹬爸爸依然会不放心地跟在身边。如果出现狩猎者，彩鹬爸爸会尽力扑腾自己的翅膀，吸引其注意力，给雏鸟留下足够的逃跑时间。

“一妻多夫制”又怎么样?

像彩鹬这样，由雌性拥有多只雄性并与之交配的现象被称为“一妻多夫制”。在鸟类的世界里，这种“一妻多夫制”是非常少见的。完成交配后，由雄鸟负责孵卵和育雏的现象就更罕见了。大

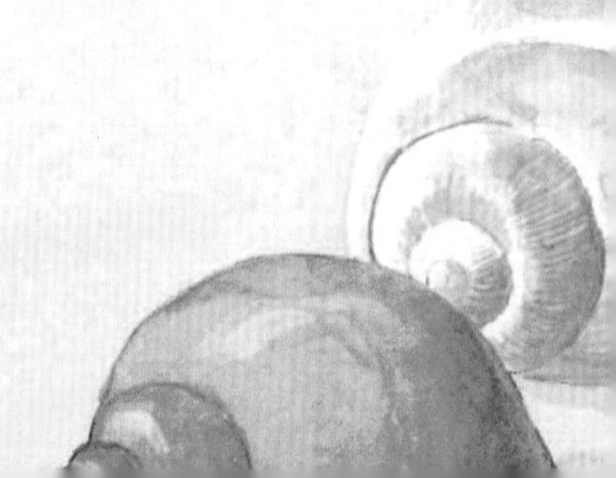

部分鸟类都是雄鸟拥有多只雌鸟，而雌鸟则负责孵卵和育雏。不知道其他鸟类的雌鸟是否羡慕雌性彩鹬呢？

雌性彩鹬更加健壮的原因

在一夫多妻制的社会里，雄性可以和势力范围内的所有雌性进行交配，留下很多后代。不过，它也要履行非常重要的职责，那就是保护自己的配偶免受其他雄性的侵犯。因此，一夫多妻制的社会中雄性通常比雌性健壮。同理，雌性彩鹬也要努力保护自己的领土，因此它们的体格也非常强壮。

深度了解

鸟类的交配

鸟儿们的叫声非常悦耳，但它们并不是为了取悦人类而鸣叫。人们听到的悦耳鸟鸣声其实常常是雄鸟在繁殖期宣布自己势力范围和吸引雌鸟的叫声，这也是为什么春天和夏天经常可以听到鸟叫，但秋天和冬天却很少听得到。

闻声而至的雌鸟并不会立即和雄鸟交配，而是先观察对方，决定是否与之交配。正因为选择配偶的权利在雌鸟手里，因此大部分鸟儿的雄性会比雌性更加漂亮，这也是雄鸟的进化方向。

如果雌鸟与雄鸟在繁殖期相遇，有时候就会像布谷鸟或山鹬一样，互相炫耀自己的飞行技巧，努力吸引对方。雄燕鸥会衔着食物来诱惑雌燕鸥，鹏鹛或丹顶鹤则会互相跳起求爱之

云雀

舞，印证彼此的爱情。

成为夫妻后，鸟儿们就开始筑巢。鸟巢的形态千差万别，既有挖一个沙坑就当巢穴的鸟儿，也有利用多种材料精心构筑巢穴的鸟儿。

如果是那种“一夫一妻制”的鸟类，大部分都是雌鸟和雄鸟共同完成孵卵和育雏的工作；像彩鹬这种“一夫一妻制”的鸟类是由雄鸟负责筑巢、孵卵和育雏的工作；而像孔雀那样“一夫一妻制”的鸟类则是由雌鸟负责筑巢、孵卵和育雏的工作；但是也有例外，美洲鸵或鸵鸟等鸟类虽然是“一夫一妻制”，但筑巢、孵卵和育雏的工作也是由雄鸟来完成的。

3

爬行动物和两栖动物的繁殖

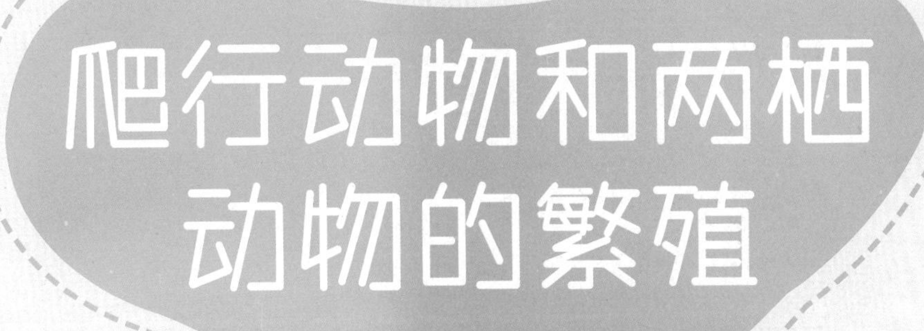

用合唱寻找另一半的青蛙

怎么这么吵？

“呱呱呱……”

初夏的晚上，窗外传来青蛙们**此起彼伏**的叫声，很是吵闹。看它们连续几个小时不停歇的样子，估计一整晚我们都要睡不好了。

> **·能辅助呼吸的皮肤**
>
> 青蛙的皮肤非常光滑、柔软。而且它们腹部呈白色，背部通常呈绿色，这样只要它们躲进草丛中就不容易被发现了。除此以外，它们的皮肤还可以辅助呼吸。

那么，青蛙为什么在初夏的晚上叫个不停呢？

难道真的是在告诉我们第二天会下雨吗？

来看我吧！来看我吧！

蝌蚪只能在水中生活，变成青蛙后才会爬上岸来。因为有着强健有力的后腿，青蛙不仅可以在地上蹦得欢，在水中游得也很快。

不过，在一段时期里所有的青蛙都会回到水中。这段时期就是它们寻找配偶和产卵的繁殖期。中国大部分青蛙的繁殖期在春季至初夏时节，我们会在这个时候经常听到河边、池边和田边传来的青蛙叫声。

为什么青蛙在繁殖期会不停地叫呢？

一到繁殖期，雄青蛙就会自觉地聚到一起叫个不停。当然，这是为了吸引雌青蛙。换句话说，我们听到的“呱呱呱”的声音其实是雄青蛙对着雌青蛙说：“来看我吧！来看我吧！”

一听就知道

在繁殖期聚到水边的青蛙们并不一定是同一种类，比如树蛙、黑斑蛙和粗皮蛙会因为繁殖期相同而在同一时期来到水边。

那么，雌青蛙是怎样从那么多的青蛙中寻找到同种类的另一半呢？

·把蝌蚪背在背上的箭毒蛙

相比于其他蛙类，箭毒蛙可谓是最为称职的父母了。一般蛙类产完卵后就走了，但是箭毒蛙不会这样。箭毒蛙会等待孩子出生，并把蝌蚪背在自己的身上。因为有了妈妈的细心照顾，箭毒蛙的成活率也很高。当然，箭毒蛙为了方便照顾孩子，一般不会产很多卵。

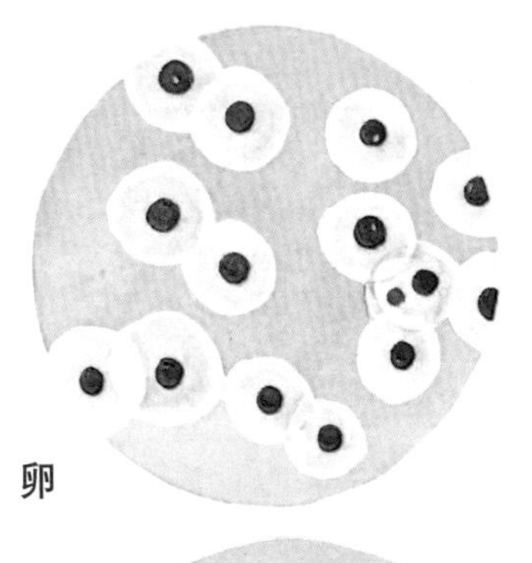

卵

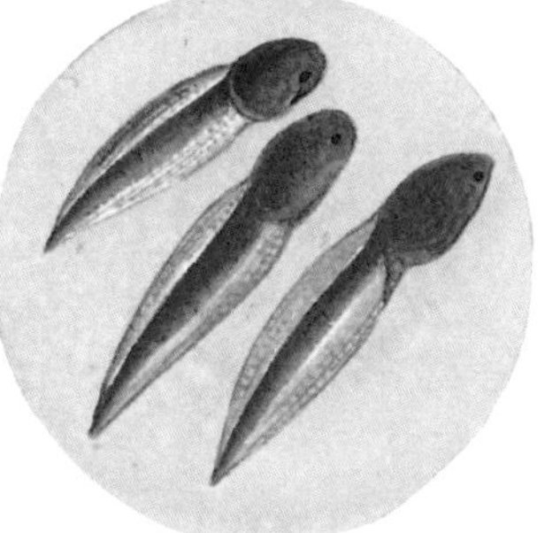

蝌蚪

青蛙

蝌蚪变态期

·要爱护青蛙

在日常生活中，有很多人把青蛙肉当作补品或美味佳肴，导致一些人大肆捕杀青蛙。事实上，吃青蛙对人体并未有特殊的好处，相反，青蛙带有很多细菌和寄生虫，而且青蛙经常在农田中活动，身体里也富集了很多农药，人类食用蛙肉后，这些有害物质也会进入人体，危害我们的健康。

·天气冷了就要冬眠

青蛙在冬天会冬眠。青蛙是变温动物，它们不能自己调节体温。冬天温度过低时，它们的行动就会变得迟缓，而且冬天昆虫们也很少，青蛙很难找到足够的食物。通过冬眠，它们可以减少能量的消耗。

其实，雌青蛙单从雄青蛙的叫声中就可以寻找到同类的雄青蛙。只要我们仔细听一听，也可以从叫声中判断出其中的不同。就像是每个人的声音都不同一样，不同种类的青蛙叫起来的声音也不一样。

·蛙眼可以自动过滤无关事物

青蛙的眼睛非常独特，它们的眼睛会快速地对看到的东西进行筛选。只有那些运动着的而且是对它们有生存意义的东西才能引起它们的反应，而那些静止的东西，或者虽然在运动然而对它们的生存没有多大意义的事物，它们就会自动忽略。

那么，雌青蛙喜欢听什么样的声音呢？

据说，雌青蛙喜欢持续时间长的声音。也就是说，**雌青蛙喜欢的是可以长时间鸣叫的雄青蛙。**因为这可以说明这只雄青蛙的身体很健康。事实证明，它们的后代的确更大、更健康，游得也更快。

正在抱对的青蛙

趴在雌青蛙背上的雄青蛙在交配吗?

找到伴侣后，这对青蛙会在晚上的时候在水边完成繁殖行为。有趣的是，整个过程雄青蛙会趴在雌青蛙的背上，紧紧地抱住对方。这就是生物学上的“抱对”，不同于一般的交配。

雄青蛙的个头一般都比雌青蛙要小，因此乍看起来就像是青蛙妈妈背着小青蛙一样。这种姿势对雌青蛙是很有帮助的，当雄青蛙趴在雌青蛙的背上，并紧紧地抱住它时，雌青蛙就可以轻松地产卵。而雄青蛙也同时将精液直接排在卵上，完成水中精卵结合，成功受精。

青蛙如何接收声音？

青蛙的头部两侧有两个小洞，呈圆形，这就是它们的耳朵。雌青蛙就是用这个耳朵来倾听雄青蛙的叫声，并从中挑选自己的“如意郎君”。

深度了解

两栖动物的交配

两栖动物是指幼体在水中生活，用鳃呼吸；成体在陆地生活，用肺呼吸的动物。比如青蛙、蟾蜍、蝾螈和巨鳗螈等就属于两栖类动物。

由于两栖动物是在水中出生和长大的，因此一到繁殖期，它们大多数都会回到水中。不过，不同种类的两栖动物，它们的交配方式也略有不同。

在繁殖期，雄青蛙会通过叫声来吸引雌青蛙。一旦两情相悦，雄青蛙会趴到雌青蛙的背上，用前肢紧抱雌蛙，这种现象叫“抱对”。然后刺激两性同步完成产卵、排精及受精，整个过程都在水中进行。

蝾螈的交配方式和青蛙不同，它们大多数都是体内受精的（在雌性体内受精）。当雄性把含有精子的精囊放在地上后，跟在后面的雌性就会把精囊放入体内，完成受精。

完成受精后，雌性蝾螈一般会在浅水池或小溪里产卵。不过，有些雌性蝾螈也可能几个月后才会产卵。

完成产卵后，大部分两栖类动物都会义无反顾地离开孵化场，只有极少数会留下（雌性会留守阵地）。

通过排泄物的气味寻找伴侣的红背蝾螈

它究竟在找什么？

北美洲的丛林中，雨停后的深夜，一只红背蝾螈正在落叶堆里到处翻找着。它在找什么呢？

这只红背蝾螈是正处在繁殖期的雌性，而它要找的就是雄性的排泄物。难道雄性的排泄物上有蜂蜜吗？它为什么要去找那些恶心的东西呢？

一生都在陆地上生活

蝾螈身体细长、四条腿、有尾巴，乍一看和壁虎类似。而事实上，它和壁虎是完全不同的，反而更接近青蛙。壁虎用肺

·断尾自救

我们都知道当小壁虎遇到危险的时候，它们会舍弃自己的尾巴来逃生。它们不用担心自己以后会变成一只没有尾巴的壁虎，因为不久之后，它们就会长出一条新的尾巴。同样，红背蝾螈也有这种功能。

呼吸，一生都在陆地上生活。而蝾螈则和青蛙一样，幼时在水中度过，之后再逐渐长出肺和腿，然后爬上陆地。像它这样幼时在水中度过，成体时来到陆地的动物就被称为“**两栖动物**”。

红背蝾螈主要生活在北美洲的丛林地区，体长可达到13厘米左右，背上有长条状的红斑或黑斑。

奇怪的是，红背蝾螈不仅生于陆地，而且一生都是在陆地上度过的。那么，没有肺的它们是如何呼吸的呢？

红背蝾螈是通过湿润的皮肤来呼吸的，它可以通过皮肤的毛细血管吸收空气中的水分。如果皮肤变得干燥，那么它也就无法呼吸了，因此不能生活在阳光炽烈的环境中。白天时，红背蝾螈会钻进洞里或是在腐

·将“碳”留在森林的守护者

蝾螈算是健康森林的守护者，因为它们可以把“碳”贮存在森林里。蝾螈虽然不像植物那样具有固碳功能，但是它们可以通过控制一些加快落叶腐烂速度的生物数量来减少碳的流失。

木、落叶下面等潮湿而阴凉的地方，只有在夜晚或下雨后才会钻出来。

·蝾螈

蝾螈家族是一个非常大的家族，在全世界大约有680多个物种，但是所有的成员都有一个共同特点——那就是它们都是有尾巴的两栖动物。

通过气味得知所有信息

红背蝾螈经常生活在潮湿而阴暗的地方，那它们是怎么寻找伴侣的呢？

红背蝾螈是通过气味来进行交流的，而不是靠眼睛或声音。无论是雌性还是雄性红背蝾螈都会在地上留下包括排泄物在内的气味标志，这样**它们就可以通过这些气味辨别对方是雌是雄、体格是否健壮，以及获知领地的范围等信息。**

尤其是排泄物的气味，它在繁殖期将会起到很重要的作用，因为它是雌性在挑选雄性时的主要判断标准。经常食用高营养物质的

青蛙

• 两栖动物和爬行动物

蝾螈其实在外形上和爬行动物蜥蜴很像，但是蝾螈是两栖类动物而并非是爬行动物。两栖动物的卵是没有卵壳的，而且身上没有鳞片。但是爬行动物的卵是有壳的，而且身上带有鳞片。你现在能区分两栖动物和爬行动物了吗？

壁虎

雄性红背蝾螈和其他雄性的排泄物有明显的不同，而雌性红背蝾螈优先挑选的就是前者。因为若要经常食用高营养物质，就需要占据食物资源丰富的区域，而这就需要健壮的体格。和青蛙一样，体格健壮的雄性红背蝾螈的后代也比其他雄性的后代要更加健壮。

爱护宝宝的妈妈

红背蝾螈

蝾螈会在水里产下很多卵，然后就会弃之不顾，因此孵化成功率较低。

但红背蝾螈却不同，它每次只会在

阴暗潮湿的地方产下3～14个卵。产卵后，它会一直守护在附近，保护自己的卵。因此，红背蝾螈的孵化成功率是比较高的，大部分的卵都可以成功孵化。

狩猎方法和青蛙类似

红背蝾螈主要以昆虫、蜘蛛、蜈蚣和蜗牛等小型动物为食。它的狩猎方法和青蛙类似，也是静等猎物接近，然后再迅速用黏糊糊的长舌头把猎物卷进嘴里。

能吹大颈部皱褶的绿安乐蜥

它是什么意思？

在西印度群岛的某处岛屿，正沿着树枝往上爬的雄性绿安乐蜥忽然停了下来。仔细一看，原来是它前面出现了另一只绿安乐蜥。从它那较小的体格可以看出这只绿安乐蜥是雌性。

令人感到奇怪的是，这只雄性绿安乐蜥先是对着雌性发了半天呆，随即就来了几个“**俯卧撑**”，然后开始吹大颈部的皱褶，看着让人恶心。

•蜥蜴中的“战斗蜥”

别看安乐蜥的个子不大，脾气可不太好，它们可不是什么好欺负的温顺小动物。安乐蜥非常好斗，为了捍卫自己的领土，它们不惜舍弃生命。安乐蜥甚至会对镜子中自己的镜像发起进攻。

它为什么要在雌性面前做出这样的举动呢？是驱赶的意思吗？还是有其他的含义？

情绪变化时体色也会变化

> **·真假变色龙**
>
> 安乐蜥经常通过变换体色来隐藏自己，所以它们常被人们误以为是“变色龙”。但实际上，变色龙和安乐蜥是两种不同的动物。变色龙又叫“避役”，属于蜥蜴亚目避役属，而安乐蜥属于有鳞目安乐蜥属，所以安乐蜥常被称为“假避役”。

绿安乐蜥属蜥蜴目，主要生活在美洲大陆的温带区域和西印度群岛的树丛中。它们的体长约为12～20厘米，主要以昆虫为食。

绿安乐蜥平时的体色为亮绿色，有时会变为褐色或者灰色。它**可以通过体色的变化表达情绪，有时则是为了保持体温或是为了隐蔽而改变体色。**例如，很自信的时候它的体色呈亮绿色，灰心丧气时则会变为褐色。雄性绿安乐蜥在繁殖期吸引雌性或是向其他雄性宣布自己的领土权时一般都会呈亮绿色，若是

在争夺领土的战斗中失败则会变成暗褐色。

因为它们这种可以改变体色的特征，绿安乐蜥在美国还被称为“变色龙”。但实际上，绿安乐蜥改变体色的速度和颜色的范围是远不能与真正的变色龙相提并论的。

绿安乐蜥还有一个有趣的特点。

它们的雄性颈部常有**粉红色的喉扇**（喉部的大皱褶）。**一般情况下，它们只有在威胁其他雄性或敌人时才会鼓起喉扇。不过在繁殖期，雄性绿安乐蜥在见到雌性时也会鼓起喉扇。**

哇，喉扇真好看！

遇到雌性的时候，雄性是非常兴奋的，因此体色也呈鲜艳的亮绿色，而在这个时候，粉红色的喉扇就愈加明显了。要知道，雌性就是通过这个喉扇来挑选交配对象的。这又是为什么呢？

绿安乐蜥小巧而可爱，因此有些美国人还把它当宠物养。不过，有一点是需要格外注意的。绿安乐蜥身上极容易出现吸血螨，因此要经常给它喂除寄生虫的药物，并用酒精擦拭皮肤。

吸血螨是一种肉眼几乎看不到的寄生虫，它们寄生在绿安乐蜥

·长得像匹诺曹的安乐蜥

安乐蜥其实是一个属名，里面还包含了许多不同的种类，也就是说所有安乐蜥属的动物都可以称为“安乐蜥”。在安乐蜥这个大家族中，有一种长得像“匹诺曹”的独特的家伙，它们有着长长的鼻子，所以又叫长鼻安乐蜥。只是“匹诺曹”安乐蜥现在已经非常稀有了。

绿安乐蜥

·爬墙高手

安乐蜥有着跟壁虎一样尖锐的爪子和宽大的趾。它们的趾垫上长着很多细小的钩子，再加上尖锐的爪子，所以它们很善于攀缘。它们能够跟壁虎一样在非常光滑的物体表面爬行自如。另外，安乐蜥的脚趾带有一层有黏性的薄膜，这有助于它们很好地将自己粘在墙上任意爬行。

·冷血动物之安乐蜥

安乐蜥也属于冷血动物，需要依靠环境的温度来保持体温、维持能量。它们白天喜欢出来晒太阳，但是白天阳光照在大地上，安乐蜥很容易暴露身份。不过它们也有自己的绝招，能通过变色伪装自己。

身上后以吸血为生。被吸血螨寄生后，绿安乐蜥不仅会食欲降低、成长缓慢，严重时还会死亡。就算侥幸生存下来，它们也不能再生下健康的后代了。

因此，雌性绿安乐蜥在挑选配偶时会优先选择没有被吸血螨寄生的雄性。而繁殖期的雄性绿安乐蜥在雌性面前吹大颈部喉扇的原因也在于此。**它们颈部的粉红色喉扇就是雌性判断雄性是否被吸血螨寄生的根据。**

没有被吸血螨寄生的雄性绿安乐蜥色泽非常鲜明，而被吸血螨寄生的雄性绿安乐蜥不仅色泽灰暗，皮肤也会有些脱落。

• 爱做“俯卧撑”的蜥蜴

有一种和绿安乐蜥长得很像的蜥蜴叫牙买加树蜥，牙买加树蜥和绿安乐蜥同属于安乐蜥属，所以它又被称为“牙买加安乐蜥”。牙买加安乐蜥雄性有一个很出名的特点，那就是爱做“俯卧撑”。大概是为了秀自己强健的肌肉吧。

喉扇中的大秘密

在繁殖期，雌性绿安乐蜥见到颈部喉扇色泽鲜明的雄性时就会主动投怀送抱，若是遇到颈部喉扇色泽灰暗的雄性，雌性就会转身走掉，连再看一眼都不愿意。若是它没有这么做，而是和被吸血螨寄生的雄性绿安乐蜥交配的话，它就有可能生下不健康的宝宝。因此，雄性颈部的喉扇可以说是它们的健康证明。

那看似恶心的喉扇竟然还隐藏着如此重要的秘密，你一定想不到吧！

利用树叶腐烂时散发的热量孵卵

雌性绿安乐蜥通常在每年的5月末至10月初这段时间里产卵，通常每两周产1颗卵。它们一般会在树上铺一些树叶，然后在上面产卵。产完卵后，雌性绿安乐蜥就会离开现场，对自己的卵不管不顾，留下来的卵最后会通过树叶腐烂时散发的热量来孵化。

没有雄性
也能繁衍后代的鞭尾蜥

都是雌性？

在美国南部的草原地区，一只尾巴极长的“壁虎”不停地追逐着前面不远处的同类。待追上后它很快就爬到对方的身体上进行交配。随后，这两只“壁虎”竟然还交换了各自的位置，又继续进行交配。

通常来说，壁虎交配的时候都是雄性爬到雌性身上。而眼前的这两只“壁虎”却是轮流爬到对方的身上，因此让人很难判断它们的性别。

令人惊讶的是，这两只“壁虎”居然都是雌性，而它们就是这里要说的鞭尾蜥。

雌性和雌性交配后产卵

鞭尾蜥广泛分布于美洲大陆中的沙漠或草原地区，体长3.7厘米到45厘米不等，主要特征是嘴尖、尾长。鞭尾蜥的体色多种多样，有绿色、褐色、灰色，还有黑色，而且在背部还有明显的条纹或斑点。

目前，地球上已知的鞭尾蜥种类有45种之多，而其中约30%的种类都是由雌性组成的。那这些鞭尾蜥是如何繁衍后代的呢？

只有雌性的鞭尾蜥和其他种类的鞭尾蜥一样也会进行交配，方式也非常类似。不过，它们和其他鞭尾蜥雄性在上、雌性在下的交配姿势不同，它们每次都是由两只雌性轮流爬到对方的背上完成交配的。

但其实这种交配只是一种形式罢了，因为两只都是雌性，所以在交配过程中不能传递精子，也就不可能完成受精。按常理来说，这样的卵是不可能成功孵化的。

•种类巨大的家族

鞭尾蜥属于蜥蜴目，它们广泛分布于美国的西南部、墨西哥及南美大陆。鞭尾蜥的种内变异非常大，即使是同一个个体，在不同年龄阶段体色和色斑也会有很大差异。正因为如此，它们具体有多少种很难确定，有人估计有25种，也有人估计有45种，甚至50种。

•爱晒太阳的冷血动物

鞭尾蜥是一种冷血动物，它们的体温会随着周围环境而变化。鞭尾蜥通常都会躲在灌木丛中，但是如果日照充足的话，它们往往会出来趴在石头上晒太阳。

鞭尾蜥

•假性交配

在只有雌性的鞭尾蜥种群中，两只雌性鞭尾蜥互相爬到对方身上的行为其实是在模仿雌雄之间的交配，因为这样可以刺激卵巢的发育，这种行为又常常被称为"假性交配"。它们的这种行为其实是由体内的激素调控的。

•单性蜥蜴的起源

种种迹象表明，单性蜥蜴其实是最近才出现的新物种，而且它们其实是两性杂交的后代。也就是说，它们的祖辈曾经是两性生殖的，只是因为种种原因，到了现在它们就变成了单性动物。

未解之谜

当人们知道自然界中存在这种鞭尾蜥的时候，整个科学界都为之震动了。虽然偶尔也会在昆虫等低等动物中发现没有雄性的物种，但在脊椎动物的世界里这却是第一例。

像这些鞭尾蜥一样，卵不经过受精也能发育成正常的新个体的现象被称为“孤雌生殖”，也称“单性生殖”。

以孤雌生殖方式繁衍的物种繁殖速度很快，但长久下去的话，不利于生存的变异现象也会频繁发生。此外，在环境突然变化时，这些物种也无法迅速适应。与此相反，若是异性交配后产崽，不仅后代的生存率较高，而且适应环境的能力也更加优秀。

因此，**越是高等的生物，就越会选择异性交配后产崽的方式来繁衍后代，这也一直是生物的进化方向。**那么，这些孤雌生殖的鞭尾蜥是如何在险峻的环境下存活至今的呢？这在生物学上仍是个未解之谜。

每次听到冒险家们前往未知岛屿探险的故事，我们都会心生向往，百听不厌。实际上，神秘的大自然中有很多人类未解的谜题，比如孤雌生殖的鞭尾蜥。小朋友们想不想像那些冒险家一样，寻找这些谜题的答案呢？

奔跑的壁虎

鞭尾蜥通常在沙漠地区以昆虫、蜘蛛和蜈蚣等为食。一般的沙漠壁虎在狩猎时会先藏身于隐蔽的地方，等猎物接近时再以迅雷不及掩耳之势进行捕猎。而鞭尾蜥的狩猎方法非常特别，它们通常都是在灌木丛中到处奔跑，主动寻找食物。因此，鞭尾蜥还被称为“奔跑的壁虎”。

深度了解

爬行动物的交配方式

蛇、壁虎、鳄鱼和乌龟等浑身都被鳞片覆盖且用肺呼吸的动物被称为“爬行动物”。

每一种爬行动物的交配方式都各不相同。生活在美国东部的雄性黄腹滑龟在吸引雌性时会前爪并拢，然后放在雌性的头上互搓；繁殖期的非洲鳄会发出独特的叫声，雌性和雄性也是以此来互相吸引对方的；雄性壁虎的颈部或躯干两侧带有绿色、橙色和红色等鲜明的色泽，因此多会选择做“俯卧撑”，通过上下移动身体来展示这些部位；而雄性蛇类则会在雌性的身上抖动身体，吸引雌性做出交配的举动来。

两栖动物中既有体内受精的物种也有体外受精的物种，而爬行动物都是体内受精，并多以排卵的方式繁衍后代。只有蝮蛇等少数爬行动物是受精卵在雌性体内孵化后产下幼崽的。

大部分雌性爬行动物都是在准备好的巢穴、石缝或中空的木头中产卵。每一种爬行动物产卵的数量都各不相同，不过大部分都没有保护卵和幼崽的概念，只有少数是例外的。比如一直留在卵附近击退“偷卵贼”的非洲鳄和用身体裹住卵后孵化的大蟒等。

4 鱼类的繁殖

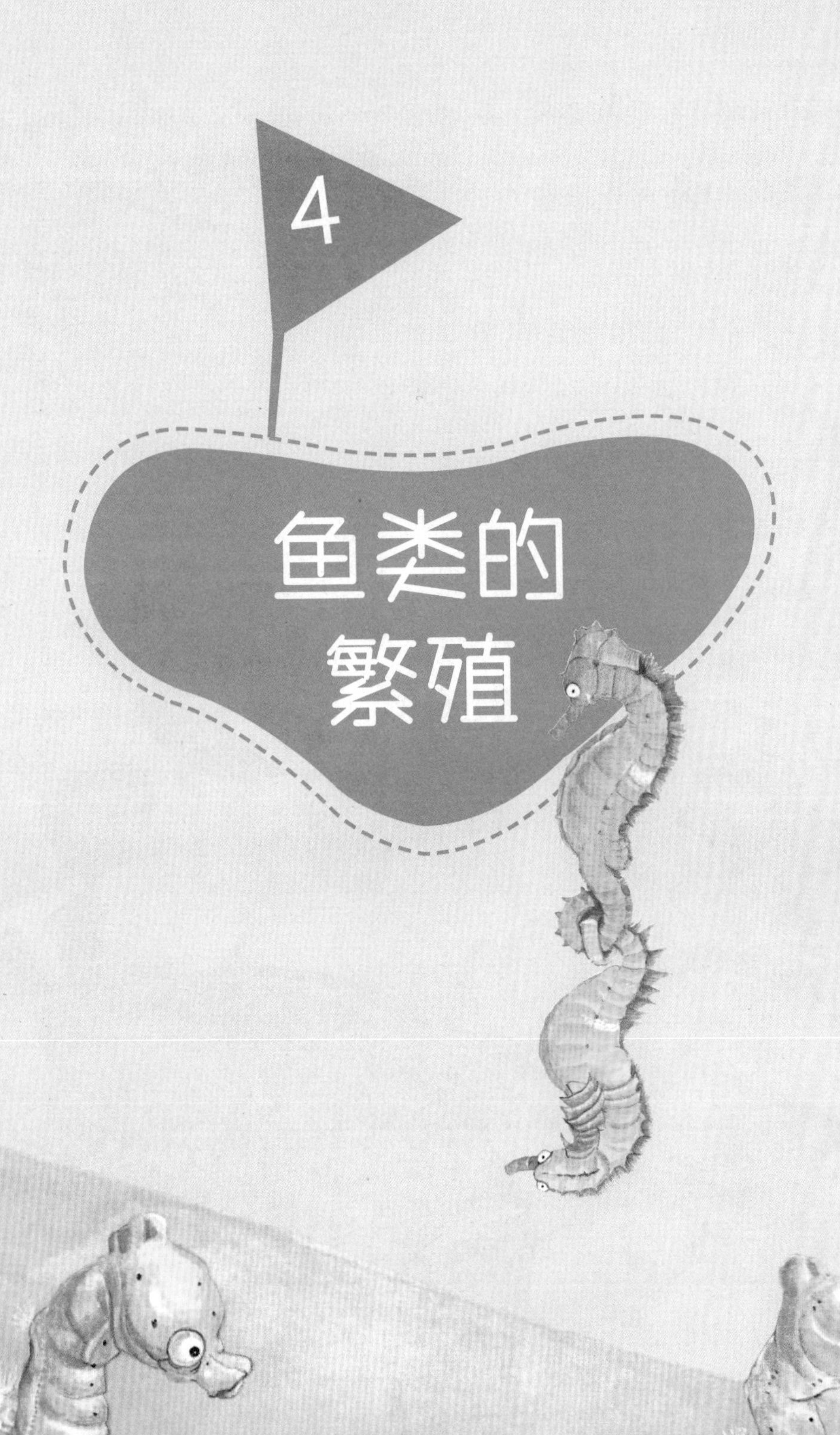

收集螺壳以吸引异性的美鳍亮丽鲷

为什么要收集螺壳呢？

在坦噶尼喀湖的湖底，一条鱼正衔着一个中空的螺壳忙碌地游动着。只见它游到一处凹陷的地方，然后把嘴里的螺壳放了进去。令人惊讶的是，那里面已经有足足一百多个螺壳了。乍一看，仿佛就是一处蜗牛的公共坟墓一样。

这条鱼为什么要收集这么多螺壳呢？

•鲷鱼——海鱼之冠

鲷鱼属于近海底层鱼类，分布于中国各海区，黄海、渤海产量较大。鲷鱼身着大红袍十分艳丽，而且肉质细嫩，味道鲜美，位居海鱼之冠。

体格小的雌性和体格大的雄性

这些有趣的鱼就是被称为“美鳍亮丽鲷”的鱼类。它们主要生活在非洲的坦噶尼喀湖等地，属于棘鳍类热带淡水鱼。它们的食物来源非常广泛，不论是活鱼还是死鱼都可以成为它们的美餐。

美鳍亮丽鲷虽然是热带鱼，但长相平凡，也没有艳丽的色泽。雄性的平均体长约为12厘米，雌性的平均体长只有4厘米，而且雄性的体重是雌性的10倍以上。连雌雄体格相差较大的象海豹也远远达不到这个比例。

为什么雌性美鳍亮丽鲷和雄性的体格会相差这么多呢？

答案就在我们前面提到的螺壳里。

我给你提供漂亮的小窝，你就和我交配吧！

雌性的美鳍亮丽鲷有一种特性，它们喜欢在螺壳里产卵，然后在里面照看卵和幼崽。因此，繁殖期的雄性美鳍亮丽鲷会纷纷划定势力范围，然后一刻不停地从远处衔来螺壳，置办自己的小窝。它收集的螺壳越多，它的妻子就越多，幼崽当然也会更多了。

一到繁殖期，雄性美鳍亮丽鲷之间会展开激烈的螺壳争夺战。它们不仅到处收集螺壳，甚至还从其他雄性的窝里偷螺壳。

雄性美鳍亮丽鲷的体格远比雌性的要大的原因也在于此。为了收集更多的螺壳，也为了在争夺战中取得胜利，它们的身体才会进化得越来越大。

饿着肚子也要守好小窝

雄性美鳍亮丽鲷收集完螺壳后，雌性就会在水底到处游动，挑选自己喜欢的螺壳，然后游到里面产卵。之后，这只螺壳的主人就会把

> **·尽全力保护孩子的丽鲷**
>
> 丽鲷虽然没有很强的攻击力，但是在对待后代这件事上，它们可是非常负责任的，有些种类的丽鲷会在沙底刨一个坑，把卵产在坑里，而有些种类的丽鲷则把自己的卵含在嘴里。总之，它们会尽全力保护自己的孩子。

精子射进螺壳里，完成受精。

在接下来的12天里，雌性美鳍亮丽鲷会一直待在螺壳里，照顾自己的卵和幼崽。当然，雄性美鳍亮丽鲷也会执着地守护自己的螺壳，以免其他雄性前来偷盗。

·谨慎的鲷鱼

弱肉强食是大自然的生存规则，所以作为一个弱者，必须时刻保持谨慎，不然很容易就会陷入危险之中。鲷鱼似乎深知这个规则，所以它们很谨慎，摄食时常先围着饵食转几圈，察看动静，然后用头碰碰饵食，再试探着咬吃。如果稍感不适会立即吐出。

体形较小而年幼的雄性如何繁衍后代？

因为雄性美鳍亮丽鲷之间的螺壳争夺战过于激烈，体形小的雄性几乎没有机会与雌性交配。那它们该怎么办呢？原来这些体形较小的雄性美鳍亮丽鲷会以合作的方式来繁衍后代。每当某个雄性势力范围内的雌性将要产卵时，这些小个头的雄性美鳍亮丽鲷就会一起攻击那条雄性鱼，然后再由其中的几条雄性鱼趁乱向螺壳里射出精液，这样它们就有机会留下自己的后代了。

深度了解

鱼类的交配

鱼类的幼体是很难区分雌雄的，而繁殖期的鱼类就会相对容易区分，其中又以大马哈鱼、宽鳍鱲（俗称桃花鱼）、刺鱼等鱼类为最。这些鱼类的雄性在繁殖期会改变体色，即带有“婚姻色”。

不同鱼类的繁殖期和产卵地也是不同的，不过淡水鱼多在水草茂盛的地方产卵，而咸水鱼则多在接近陆地且海草茂盛的地方产卵。因此每到产卵的季节，这些地方都有很多鱼类争夺。有些鱼类为了产卵，还会迁移到非常远的地方去。比如原产于河水中，后游到海中长大，又回到河水中产卵的大马哈鱼；以及原产于海中，后溯河到淡水里长大，又回到海中产卵的鳗鲡等。

大部分鱼类繁衍后代的方式都是产卵，而且它们生活在不用担心卵和精子会变干燥的水中，因此多为体外受精，即雌性产卵后雄性再射出精子，使之受精。这就导致经常会出现非常有趣的画面：一条身强体壮的雄性鱼好不容易“勾引”到了一条雌性鱼来给它产卵，但却被体形小的同类抢先射精。此外，像鲨鱼或黄貂鱼等几种鱼类是在雌性体内完成受精，然后直接产崽，而不是产卵。

鱼类产卵时，卵的数目是非常多的。比如真鲷可产25万～100万个卵、蓝点马鲛可产100万个卵以上，部分鱼类甚至还可以产下3亿个以上的卵。不过，大部分鱼类都不会留下来保护自己的卵，因此孵化率很低，同一种鱼类的整体数目也就不会有很大的变化。在鱼类的世界中，有些父母也会留下来保护自己的卵，因此孵化率比较高。但是，它们产卵的数量却是非常少的。

带婚姻色的桃花鱼

与雌性融为一体的雄性疏棘鮟鱇

是它的幼崽，还是一种寄生鱼？

1922年，冰岛附近的深海处捕捞出了一种奇怪的鱼。只见两条小鱼就像是在妈妈怀里吮奶的幼崽一样，紧紧地咬住了对它们来说显得很巨大的雌性疏棘鮟鱇的腹部。而当时的人们也的确以为这两条小鱼就是依附在母亲身上的幼崽。不过，人们也没有弄清楚它们为什么要咬着雌性疏棘鮟鱇的腹部，因为那里不可能分泌乳汁。

3年后，科学家们有了一个惊人的发现：当时依附在雌性疏棘鮟鱇身上的小鱼并不是它的幼崽，而是它的交配对象，即雄鱼。

• “灯笼”里的秘密

鮟鱇鱼既不会用火也不会用电，它们是如何点亮“灯笼”的呢？这里面有着大学问。原来它们的“灯笼”里面有一种可以分泌光素的腺细胞，光素在光素酶的催化下，与氧进行缓慢的氧化反应，进而发出光。

·生活在黑暗的海底的成年疏棘鮟鱇

成年疏棘鮟鱇过着一种底栖生活，换句话讲就是过着“暗无天日”的海底生活。但其实在幼年的时候并不是这样的，在它们还是卵的时候，它们在海面上漂荡着。等出生后，它们也不会立即潜入海底，而是先在海面上生存一段时间，然后带上自己的配偶一同潜入海底生活。

钓其他鱼类的疏棘鮟鱇

疏棘鮟鱇也属于鮟鱇类。不过它与生活在浅海海底几乎不游动的同类不同，疏棘鮟鱇生活在2000～6000米深的深海。鮟鱇类的前背鳍在漫长的进化过程中逐渐变成了“鱼竿”，而且上面也附有

“鱼饵”。当小鱼在附近游动时，它就会摇动“鱼竿”，等好奇的小鱼接近后将其抓捕。

由于深海中总是漆黑一片，阳光无法照射到这里，因此就算疏棘鮟鱇拼命地摇动“鱼竿”，小鱼们也看不到。在进化的过程中，它们发明了一种独特的捕猎方法。它们的“鱼饵”就像萤火虫一样，可以发出一闪一闪的亮光，从而有效地吸引小鱼接近。

此外，疏棘鮟鱇还有一个惊人的特点，那就是雄鱼的体形比雌鱼小得多。而且在生长的过程中，雄鱼会依附在雌鱼的身体上，并逐渐融入雌鱼的身体里。1922年，人们在冰岛附近捕捞上来的两条疏棘鮟鱇就是雄鱼已经完全融进雌鱼身体里的状态。

那么，为什么会发生这样奇怪的事情呢?

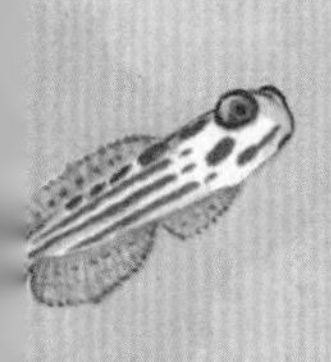

·识时务者为俊杰

鮟鱇鱼经常晃着自己的肉灯笼在那儿钓鱼，钓到小鱼、小虾倒还好，可是有时候一不小心，鱼没钓到，反倒把捕食者给引过来了。鮟鱇鱼一看来的是自己招惹不起的大家伙，会赶紧把肉灯笼收起来。所谓“留得青山在，不怕没柴烧”，遇到危险，可别轻易就冲上去拼命。

想要找到一条雌鱼实在是太难了

疏棘鮟鱇在幼鱼期生活在接近水面的地方，然后再逐渐转移到2000～6000米的深海。深海可以说是地球上最广阔的生存区域，再加上它们和其他鮟鱇不同，并不经常在海底游动，因此雄鱼想要遇到雌鱼是极为困难的事情。

可能也是因为这个原因，疏棘鮟鱇的幼鱼在转移到深海时会发生明显的变化。雌鱼会变得越来越大，并形成前面所说的“鱼竿”和“鱼饵”，而雄鱼的身体则没有太多变化，只是下颚部分会逐渐变成钳子状。这主要是为了在幸运地遇到雌鱼时可以紧紧地抓住对方。由于生存环境恶劣，它们也只能想方设法地繁衍后代了。

•懒惰的“大胃王”

疏棘鮟鱇平时不怎么游动，喜欢静静地待在一个地方“钓鱼”，但是它们的胃却是出奇地大，所以为了满足自己的大胃口，它们尽量把比自己大的猎物一口吞下。它们的胃里经常充满着鲨鱼等大鱼的骸骨。它之所以可以做到以小吃大，全靠它那一张大嘴和可以鼓得很大的胃。

到了繁殖期，如果想要繁衍后代，雄性疏棘鮟鱇就只能一直跟着雌鱼。而若想达到这个目的，最好的方法莫过于依附在雌鱼身上。令人惊讶的是，当雄鱼依附在雌鱼身上后，雄鱼除了生成精子的器官外，其他身体器官都会退化，且它们和雌鱼的血管会逐渐连接在一起，就像是变成了雌鱼的身体器官一样。换句话说，在接下来的岁月里，雄鱼就要依靠雌鱼而存活。

和雌鱼结合在一起以后，雄鱼的射精时间也是由雌鱼来决定的。在繁殖期，雌鱼会把一种特殊的激素输送到雄鱼体内，而雄鱼就像接到信号一样开始射出精子。因此，繁殖期的雌鱼不用特意去寻找雄鱼就可以随时随地产卵和受精了。

疏棘鮟鱇为什么会发光？

在海洋深处，疏棘鮟鱇的“鱼饵”可以发出黄绿色或浅蓝色的闪光。研究表明，让这些“鱼饵”发出光芒的是活生生的生命体。原来，一些极微小的细菌生活在这些“鱼饵”中，可以帮助自己的宿主更轻松地抓捕猎物。

由雄性产崽的海马

海马大叔变瘦了

在海边的一处珊瑚丛里，一只肚子**鼓鼓囊囊**的海马用尾巴缠住海草，正在温暖的海水里反复做着“弯腰运动”。不知过了多久，好几只小海马从这只海马的腹囊里蹦了出来。原来，这只海马在孵卵，四个星期后终于成功孵化出了幼崽。

不过，你知道吗？这只肚子鼓鼓囊囊的海马并不是雌海马，而是雄海马！

·一种不善于游泳的海洋生物

相比于其他海洋生物，海马的游泳技术简直不值一提，它们甚至可以被称为“海洋里游得最慢的生物”，不过这也与它们自身的体形有关。海马没有尾鳍，完全依靠背鳍和胸鳍来进行运动，扇形的背鳍可以起到波动推进的作用。

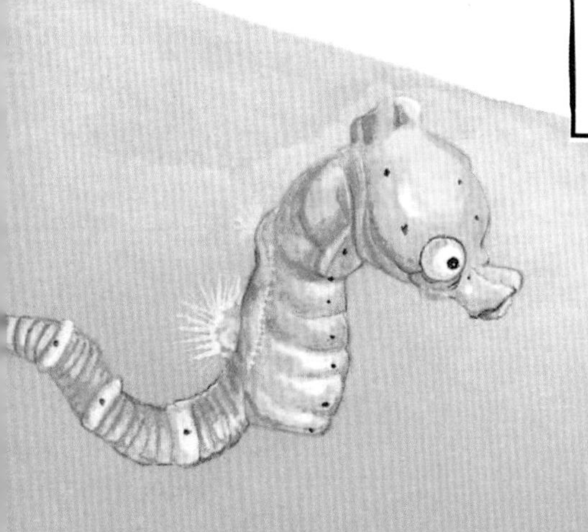

生活在大海里的奇怪的“马”

海马广泛分布于全球的温暖海域，体长为4厘米到30厘米不等。平时它们都是竖着身体，用尾巴缠住海草，遇到危险时则会控制气囊中的空气量，自由地在水中沉浮，并利用小小的背鳍缓缓向前移动。

海马的外形极为怪异，头部像马，嘴是长管状，身体像是有棱有角的木雕，比较坚硬。因此，它们虽然游得慢，却不容易成为其他鱼类的食物。乍一看，很难将它们和鱼类联系到一起。

由于外形和生活习惯与其他鱼类完全不同，因此海马的归属问题曾是人们议论的焦点。不仅如此，海马的雌雄问题也曾困扰过很多人。要知道，海马可是由雄性利用腹囊来孵卵的！

雄性产崽？

虽然说是雄性产崽，但这并不是说连产卵也是由雄性包办。负责产卵的还是雌性海马，而雄性则是一直把卵放在自己的腹囊里，

•大懒虫海马

海马的名字里虽然也有“马”字，但相比于马，海马简直懒到了家。海马平时没事喜欢挂在海藻的茎枝上，有时也倒挂于漂浮着的海藻或其他物体上随波逐流。即便有时候为了摄食或其他原因暂时离开附着物，游一段距离之后，又会挂在其他物体上。

•海马是鱼吗？

海马独特的构造常常使人感到一头雾水，它们到底是什么动物呀？其实海马是一种长得不太像鱼的鱼。海马是刺鱼目海龙科暖海生数种小型鱼类的统称。它们虽然外观上看着不像鱼，但是器官构造和生活方式却和其他鱼类相似，它们也是用鳃呼吸，是卵生动物。

雌雄海马正在秀恩爱

•对生存环境非常挑剔

海马的摄食量和水温、水质密切相关，如果温度适宜的话，那它们就会胃口大增，但是如果水质不良的话，那它们就会难受得吃不下食物，有时干脆就绝食。

直至成功孵化罢了。

下面我们就一起来详细地了解一下海马爸爸是如何产崽的吧?

• "咯咯咯,快给我换水啦!"

"咯咯咯",海马生存的区域里突然传来一阵奇怪的声音。这其实是海马发出的求救声。原来当水质变差、氧气不足或受敌害侵袭时,海马就会因咽肌收缩而发出"咯咯"的响声,给养殖者发出"求救"信号。不过有时它们刚吃完食物的时候也会发出这样的声音。

一到繁殖期,雄海马们就会围绕在雌海马旁边,纷纷展示自己的腹囊,以此吸引雌海马。而雌海马就会从中挑选出自己的"如意郎君",并在接下来一周左右的时间里与雄海马共同生活,互相缠绕着尾巴来表达恩爱。

之后,海马夫妇就会相互贴着腹部,上浮至离水面较近的地方,并由雌海马在雄海马的腹囊里产下200多个卵。

紧接着,雄海马就会把精子输送到腹囊里,使里面的卵受精。短则2~3

周，长则6周以后，小海马们就被成功地孵化出来了。

要知道，海马爸爸在孵化期间需要一直给腹囊提供新鲜的水流，以保证氧气的供应，直至成功孵化为止。

等到小海马们孵化出来后，海马爸爸就会在腹部用力——把它们挤出来。而这就是我们前面看到的雄性产崽的场面了。

雌海马应该是很幸福的吧？

大部分鱼类都是“一夫多妻制”，但海马却是例外。雄海马只要和一只雌海马对上了眼，在同一个繁殖期里是不会再对其他雌海马感兴趣的。

这其实也很好理解，腹囊可以盛放的卵有限，如果其他雌海马也来放卵的话，根本就放不下，而且雄海马会更加辛苦。不管怎么说，雌海马应该是非常幸福的，丈夫不仅负责孵卵，而且对爱情还很忠诚。

海马的嘴为什么是长管状的？

海马捕食的方法是将小生物吸入嘴里。在进化过程中，它们为了可以在石缝等狭窄的地方猎食，嘴也就逐渐进化成现在这种形状了。

由雌性变成雄性的裂唇鱼

雌雄大变身

在热带海域的珊瑚丛中，身上有着蓝色条纹的裂唇鱼们正聚集在大鱼旁边，专心地帮它清理着皮肤。裂唇鱼们仿佛有分工一样，有的钻进鳃盖里寻找细菌；有的则在各个鳞片之间游动，专门挑破损的皮肤组织来吃。

当你看到它们的时候，肯定也会为它们的勤劳赞叹不已。这些鱼还有一个非常奇怪的现象：如果雄性首领死亡，就会由族群中最强壮的雌鱼转变成雄性，成为新的首领。

我们帮你“化妆”

裂唇鱼广泛分布于热带和温带的海域，是大鱼们的专职清扫工。通常，它们成群生活在珊瑚丛或岩礁中，以红九棘鲈、笛鲷等大鱼身上的寄生虫与腐肉为食。

多亏了它们，大鱼们受伤后才可以迅速恢复健康。因此，大鱼们偶尔也会来到裂唇鱼的住地，接受它们的定期检查。此时，就算裂唇鱼们在大鱼的嘴里进进出出，也不会被吞下去。

裂唇鱼的族群一般是由一只雄鱼带领着五六只雌鱼生活的。雄鱼不仅体形大，而且还负责驱赶其他雄鱼，因此很容易辨认出来。

但是，等到这只雄鱼死亡或消失后，裂唇鱼的族群里就会发生非常奇怪的一幕。那就是，最强壮的雌鱼会改变自己的性别，成为新的首领！

·鱼医生

裂唇鱼栖息在珊瑚礁区，会从其他鱼身上啄食寄生虫、甲壳类，故有“鱼医生”的称号。

•怎么找到“鱼医生”？

裂唇鱼为了方便患者找到它，有着自己独特的“制服”，上面搭配有黑色、白色、蓝色条纹。经过长时间的配合，海里的鱼和裂唇鱼似乎达成了一种默契，它们只要看到这身“制服”，就知道对方是可以给自己治病的“鱼医生”。

裂唇鱼

•术业有专攻

医生并不是万能的，他能够医治在自己能力范围之内的病，如果超出了能力范围，医生也是无能为力的。裂唇鱼给其他鱼治病其实只是帮助它们除去身上的“寄生虫”，如果不是“寄生虫”引起的病，裂唇鱼也是无能为力的。

雌鱼变成了雄鱼

雌性裂唇鱼都具备一项与生俱来的本领，那就是可以改变性别。不过平时，它们是不会使用这项能力的。这样也是为了繁衍后代，毕竟已经有了一条足够强壮的雄鱼，因此雌鱼的身份更有利于繁衍后代。雌鱼刚转变性别时，体形的变化还不明显，根本就斗不过雄鱼，几乎没有交配的机会。它若是不改变性别，至少还可以和首领交配、产卵。

不过，当雄鱼首领死亡后，情况就变得复杂起来。对于体形较大的雌鱼来说，改变性别后更有利于自己繁衍后代。因为当它成为首领后，它就可以和族群里的所有雌鱼交配，留下比以前更多的后代。

因此，只有当雄鱼首领死亡或消失后，裂唇鱼族群中最强壮的雌鱼才会改变自己的性别，成为新的族群首领。刚开始的时候它就带有雄性特有的攻击性，不仅会驱赶侵入领土的其他雄鱼，并且会在10天后彻底改变身体结构，拥有射精的能力。

成为雄鱼是我的梦想

成为雄鱼，并不一定会带来幸福。对那些雌鱼来说，就算它们变成了雄鱼，在交配时也争不过那些健壮的雄鱼。

但是，每一条雌鱼都希望自己可以变成雄鱼，时刻寻找着机会。因此，雄鱼首领也总是会“管教”族群里的雌鱼们，让它们难以产生反抗之心，从而巩固自己的地位。

由雄鱼变雌鱼的小丑鱼

小丑鱼一般成群栖息于海葵丛中。每一个小丑鱼族群都是由雌鱼首领带领着数条雄鱼生活的。当雌鱼首领死亡后，族群里最健壮的雄鱼就会转变为雌性，继续带领着族群生活。在鱼类的世界里，改变性别并不是一件罕见的事情。全球共有两万多种鱼类，而其中至少有400多种可以改变自己的性别，属于“变性鱼”。

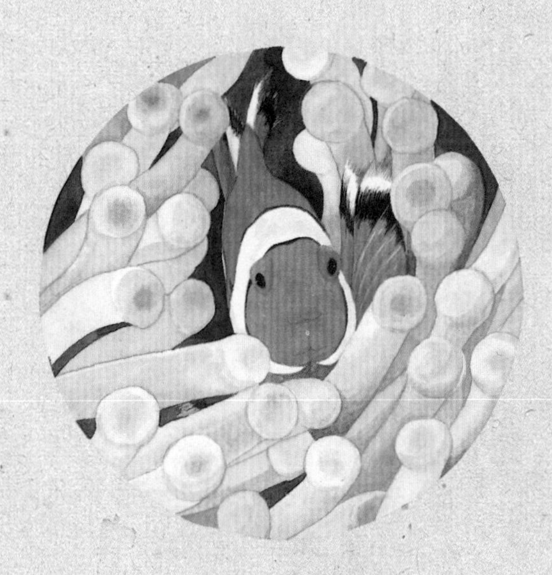

小丑鱼

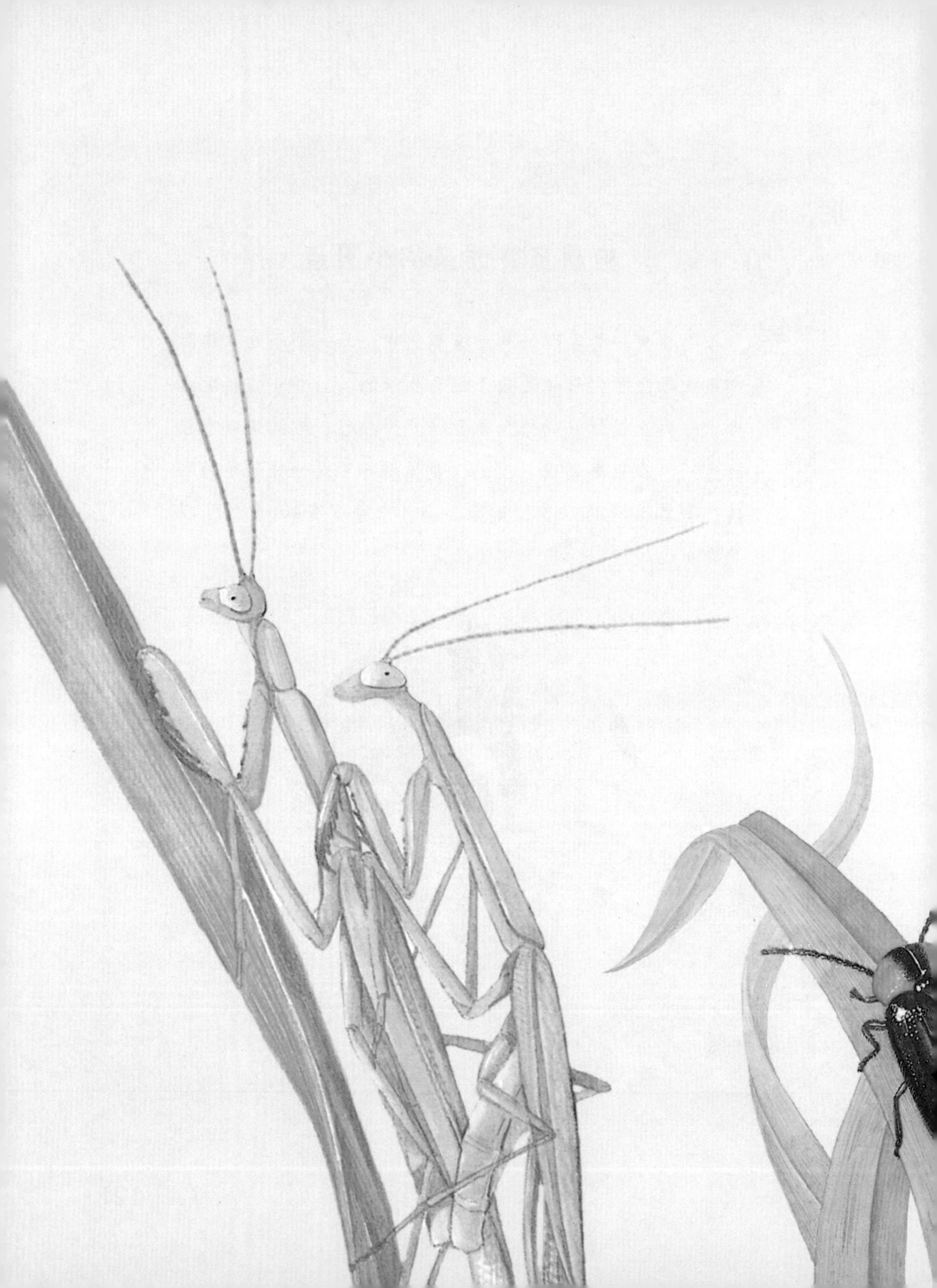

5

昆虫的繁殖

·吃蜗牛的“飞行灯”

萤火虫在夜里打着“灯笼”飞行，看起来就像一个个飞动着的小精灵，萤火虫常常被认为是一种浪漫的动物。虽然大部分的萤火虫都是以花蜜或花粉为食，但是也有部分萤火虫会捕食其他小动物，比如蜗牛就是它们的一种盘中餐。萤火虫虽然很小，但是捕食的时候自有一套方法。

通过发光吸引异性的萤火虫

深夜溪边的光芒

夏季的一个晚上，数十点光芒在溪边的草丛里闪烁，它们就是萤火虫。萤火虫是通过腹部末端的发光器来发光的。

它们为什么要发光呢？

如果一直发光的话，难道不会觉得烫吗？

•你了解哪些会发光的动物？

我们最熟悉的会发光的动物便是萤火虫，但是实际上世上会发光的动物还有很多。例如：海里可以发光的水母、萤火鱿；在陆地上除了萤火虫外，还有一些生活在洞里的蠕虫、马陆等。所以说大自然真的很奇妙，在我们还没发明电灯的时候，它们已经懂得发光照亮黑夜了。

萤火虫发出的光芒是它们之间爱的对话

萤火虫广泛分布于热带和温带地区，有1900多种。它们的体长约为5～25毫米，腹部末端有发光器。

萤火虫是通过它们发出的光来进行爱的对话的。在繁殖期，雌性萤火虫会在草丛中发出代表着“你喜欢我吗”的光芒，而收到信号的雄性也会发出代表着“啊，你就是我的爱”的光芒，飞进草丛中努力吸引雌性。

不同种类的萤火虫，发光方式也不同。平家萤发出的光芒在1分钟内可以闪烁60～120次，而窗萤则会不停歇地一直发光。此外，还有一种萤火虫发出的光芒虽然1分钟内只闪烁60～80次，但它们每次发出的光芒都要比平家萤强烈。

在萤火虫的世界里，雌性和雄性的发光方式也是不同的。通常，雄性发出的光芒强度约为雌性的2倍。

•“谦让”的三叶萤火虫

繁殖后代可以说是动物最为重要的事情，很多动物都会为了获得交配权而相互争斗。三叶萤火虫在交配的问题上虽然比较谦让，但是也不会轻易妥协。在繁殖期，如果同性相遇的话，它们就会互相谦让，改变运动方向，很少会互相打斗或对峙。但是若一只雄虫遇见另一只正在交配的雄虫，那它就会爬到正在交配的雄虫的背上，干扰它和雌虫交配。

•精力旺盛的萤火虫幼虫

大多数人看到萤火虫都是在晚上，于是以为萤火虫只在晚上外出，其实萤火虫依种类不同可以分为夜行性和日行性。夜间活动的萤火虫出现的时间在傍晚6点至清晨3～4点之间。但是大多数都是在日落后开始活动，晚上8～9点就停止活动。萤火虫幼虫也会出来活动，而且它们精力很旺盛，往往可以活动一整个晚上。

窗萤

•不能飞的雌虫

在生活中我们可以经常看见成双成对在花丛中飞舞的蝴蝶，但是看不到成双成对飞来飞去的萤火虫，这是为什么呢？因为雌萤火虫根本不会飞，雌萤火虫是没有翅膀的，所以它们只能用比雄性更亮的“灯笼”来吸引异性。

•传递信息的荧光

其实光也是一种很重要的传递信息的载体，而且光比声音传递的速度快。萤火虫的荧光其实就是它们用来传递信息的载体，而且不同种类的萤火虫的光谱不同。不过，大多数的萤火虫发出的光都是黄绿色的，因为黄绿色的光所包含的信息更容易被同种萤火虫所接收。

平家萤

正因为有这些区别，萤火虫就算是在深夜的草丛中也能准确地找到另一半同类，然后互相发出光芒，进行爱的交流，若是符合心意就会进行交配。

虽然会发光，但却不会发热

萤火虫是怎么从身体里发出光芒的呢？

萤火虫的腹部末端有发光器，其中含有一种名为“**虫荧光素**”的化学物质，与氧气接触后可发出光芒。在繁殖期，萤火虫会用“荧光素酶”使之发生催化反应，从而发出光芒。

有趣的是，就算我们用手去接触萤火虫的发光器，也不会觉得烫。屋子里的白炽灯在长时间工作后会变得越来越烫，但萤火虫却不会这样。那么，这究竟是为什么呢？

萤火虫发光的时候，虫荧光素的化学能可以百分之百转换为光能，因此并不会产生热能。

请保护萤火虫

夏季的晚上，萤火虫一闪一闪地飞起来的样子非常美丽而又神秘。不过在中国，可以见到萤火虫的地方并不多，它们的栖息地也正在逐渐缩小，出现这种现象的主要原因就是环境污染越来越严重。

萤火虫和“萤窗雪案”

据传，晋朝的车胤因家贫而无钱买灯油，因此每到晚上就收集数十只萤火虫，伏案夜读。另外，晋朝的孙康也因家贫而无法买灯油，因此常借着雪反射的光读书。后来，这两人都做了大官。成语“萤窗雪案”就是由这两个人的故事演化而来的，指在艰苦的环境中依然勤学苦读。

深度了解

昆虫们的交配

昆虫在成长的过程中，其外形的变化非常明显。但当它们长出翅翼，成为成虫后，它们就会把时间和精力全部投入到产卵和繁衍子孙方面。大部分的成虫在成功产卵后，就会走向死亡。

在繁殖期，昆虫们的交配方式千奇百怪。比如，雄性蝴蝶可以通过翅翼的颜色准确找到雌性；雄性蜉蝣会成群地舞动，以吸引雌性；雌性萤火虫可以通过发光来吸引雄性；雄性蟋蟀和蚱蜢可以通过发声来吸引雌性；雄蚊子可以通过雌蚊子飞行时发出的声音找上门去……

不过在昆虫的世界里，在繁殖期联系雌性与雄性的最重要媒介还是气味。大部分昆虫的雌性都可以分泌出信息素，从而吸引雄性，而雄性也会通过气味来使雌性兴奋起来。

大部分昆虫在完成交配后都可以产卵。不过，也有一些昆虫可以在交配后直接产崽。其中，最具代表性的就是温带地区的蚜虫。在整个夏天，这些小家伙们会一直产崽，而且是在没有交配的情况下产崽。直到秋天，它们才会产下具有生殖能力的小蚜虫，并在产下已受精的卵后直接死亡。在动物的世界中，像它们这种无性世代（产生孢子的孢子体世代）与有性世代（产生配子的配子体世代）有规律地交替出现的现象被称为“世代交替”。

•“性格孤僻”的蟋蟀

蟋蟀生性孤僻，一般都是独立生活。雄性之间相互不能容忍，一旦碰到一起就会相互咬斗。以前人们就利用蟋蟀的这个特性发明了一种游戏，叫“斗蛐蛐”。但是，一只雄性蟋蟀却可以和多只雌蟋蟀同居。

•后腿发达的跳跃高手

蟋蟀的跳跃能力非常强，再加上它们个头小小的，想抓住它们十分不易。蟋蟀共有三对足，前足和中足差不多长，但是后足可谓是“肌肉发达”，所以它们非常善于跳跃。

用声音寻找配偶的蟋蟀

这是谁的声音？

“叽叽吱，叽叽吱……”

秋天的夜晚，蟋蟀的叫声总会让我们产生孤独与凄凉之感。

事实上，蟋蟀的叫声并不是它们在怀念故乡或自己的父母，更没有孤独凄凉之意，它只是在威胁其他雄性不要侵犯自己的领地，同时也在吸引雌性。

长大后就会长出翅膀

蟋蟀的体长约为0.3～5厘米，大部分都呈浅褐色或黑色，全球共有2400多种。白天它们栖息于石头下面或土

·雌雄有别

蛐蛐的雌性和雄性之间最明显的区别便是尾部的产卵器。雌性的个体较大，在屁股那里有针状或者矛状的产卵器，看上去就像长了三个尾巴，而且雌性蛐蛐不会鸣叫。雄性蛐蛐尾部没有产卵器，只有两个尾巴，会鸣叫，好斗。

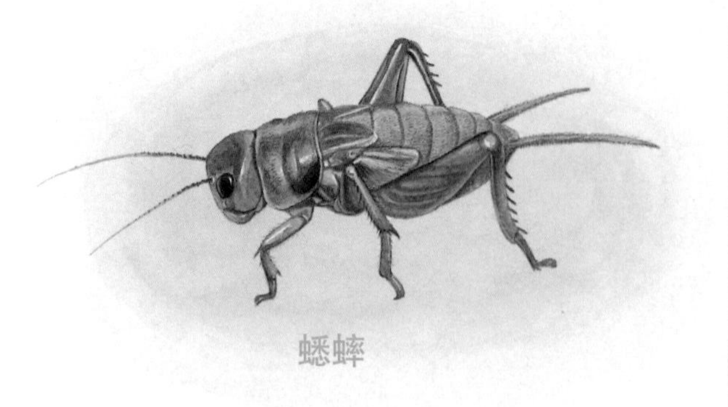

蟋蟀

·有脾气的蟋蟀

斗蟋蟀时，如果用细毛刺激蟋蟀的口须，就会鼓舞它冲向敌手，奋力拼搏，但是如果不小心碰到了它的尾毛的话，它就不乐意了，会用后足的胫节向后猛踢，表示反抗。

坑里，晚上才会出来觅食。大部分蟋蟀都以植物的叶子为食，不过也有少数种类以小昆虫为食。

蝴蝶的发育分为卵、幼虫、蛹和成虫四个阶段，而蟋蟀则没有蛹的阶段，是直接从幼虫阶段成长为成虫的。乍一看，蟋蟀的幼虫就像是小一号的成虫一样，外形上的区别并不明显。但若细细观察，我们就会发现，其实它们之间存在着很大的区别。

蟋蟀的幼虫是没有翅膀的，而成虫的翅膀不仅可以让它们短暂飞翔，还可以让它们发出愉悦的歌声以吸引异性。那么，它们是怎么用翅膀发出声音的呢？

对雌性发出诱惑之歌，对雄性发出警告之呐喊

蟋蟀是通过前翅上的音锉与另一前翅上的一列齿互

相摩擦发声的，就像我们用指甲刮洗衣板时会发出声音一样。

不过，并不是所有的蟋蟀都可以发出声音，只有雄性蟋蟀在繁殖期发出声音。不同种类的蟋蟀发出的声音也略有不同，因此雌性总是可以准确地找到同类雄性进行交配。

在不同的情况下，蟋蟀的叫声也略有不同。比如在吸引雌性时的叫声是“唧唧吱、唧唧吱”，交配时的声音为“吱”……

我还可以提供可口的食物

大部分昆虫的交配又称交尾，这是极为形象的说法。此时，雄性会把精子射进雌性体内。不过，蟋蟀的交配方式比较独特，雄

·花生地里的破坏者

蟋蟀虽然可以给人们带来很多乐趣，但是也会带来烦恼，除了晚上它们会发出让人彻夜难眠的聒噪声外，它们喜欢在农田里搞破坏的癖好也着实让人头疼。在中国，蟋蟀被归为一类重要的农业害虫，它们可以破坏各种作物的根、茎、叶、果实和种子。在南方，被蟋蟀危害的花生幼苗竟达11%～30%，给农业种植造成巨大损失。

性会把精囊挂在雌性的腹部下方。精囊内会有精子和一些营养物质。因此，雌性在交配时会吃掉这些营养物质，这对卵的成长是大有帮助的。同时还有部分没被吃掉的精液进入雌性体内使卵受精。

·昆虫的足

昆虫共有六对足，分别是前、中、后足。它们的足又会根据分工进化成不同类型的足。每条足从与身体连接处到接触地面的那端又分为基节、转节、胫节、跗节和前跗节。

为什么不同种类的蟋蟀叫声也不同？

蟋蟀的叫声是雄性召唤同类雌性的一种手段，不同种类的叫声也不同。不同种类蟋蟀的翅膀形状不同，因此可以发出不同的声音。此外，无论是雌性还是雄性，蟋蟀们的前足都有鼓膜，因此它们都能听到声音。

为了交配而豁出性命的雄螳螂

胆大包天的小家伙！

在夏季的乡村，螳螂并非罕见的昆虫，人们偶尔还会在自家的门口见到它们的身影。每当有人接近时，它们都会勇敢地举起前足，做出攻击的姿势恐吓侵袭者。

除了胆大包天之外，螳螂还有一个让人**瞠目结舌**的习性。研究表明，螳螂在交配时，雌螳螂很可能会吃掉雄螳螂！

埋伏在草丛里的狩猎者

在昆虫里面，螳螂是非常可怕的狩猎者。只要体形比它小，它就敢吃，有时甚至还会吃比它大一些的青蛙。

·昆虫界的“关公”

说起关公，我们的第一反应便是他的大刀。在昆虫界也有这么一位“关公”，它以两把“大刀”游走江湖，它便是螳螂。螳螂可不是什么好惹的善类，不知道有多少昆虫丧命于它的“大刀”和那一口锋利的口器之下。

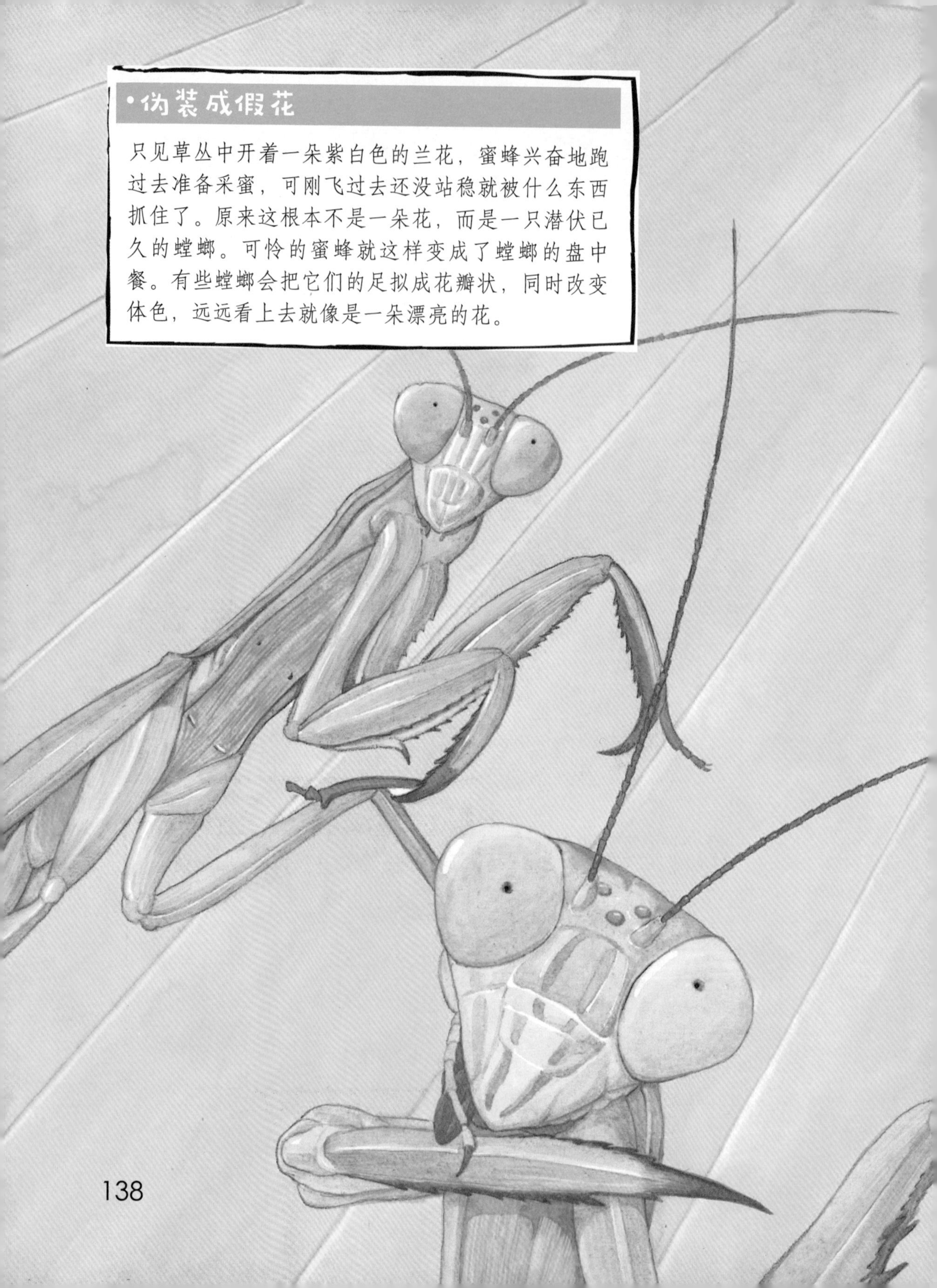

•伪装成假花

只见草丛中开着一朵紫白色的兰花，蜜蜂兴奋地跑过去准备采蜜，可刚飞过去还没站稳就被什么东西抓住了。原来这根本不是一朵花，而是一只潜伏已久的螳螂。可怜的蜜蜂就这样变成了螳螂的盘中餐。有些螳螂会把它们的足拟成花瓣状，同时改变体色，远远看上去就像是一朵漂亮的花。

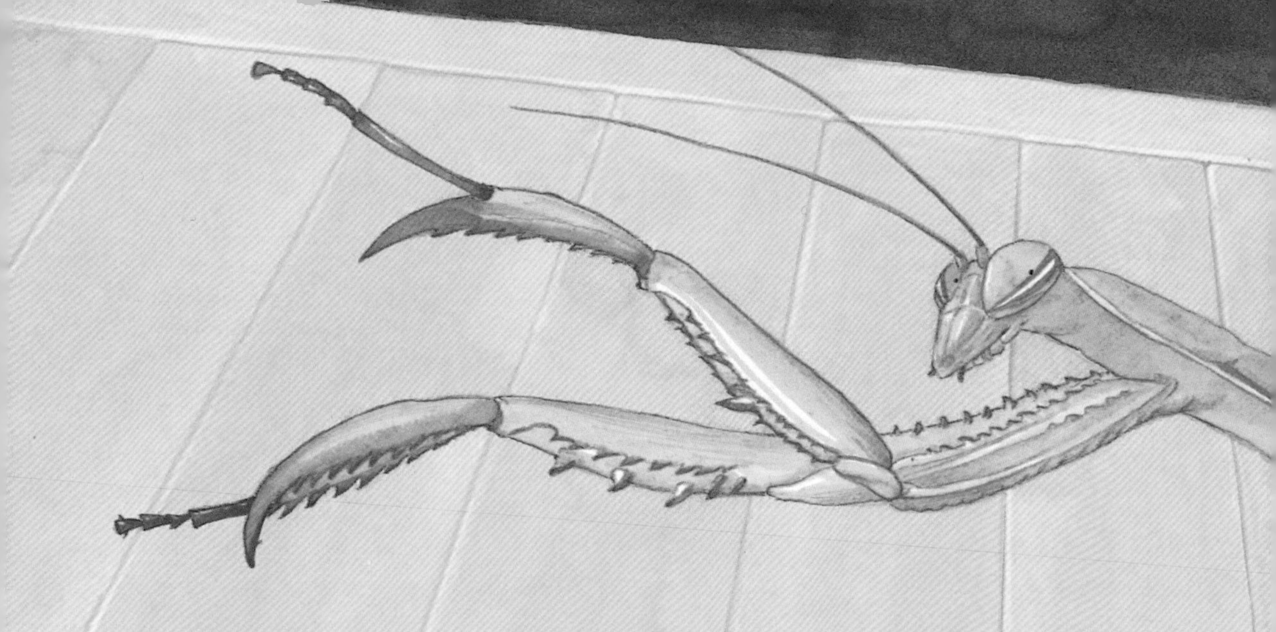

螳螂通常依附在植物上，因为它的体色和附近的草丛、枯叶、细树枝和花等类似，因此很难被发现。这样的特点不仅让敌人很难发现它们，而且也容易进行狩猎。螳螂长有复眼的头部可以转动360度，因此它只要转动头部就可以轻松地发现猎物。

螳螂经常会一动不动地待在草丛里，静等猎物从它身边经过。当附近出现猎物时，它会缓缓地把头部和胸部朝猎物方向侧过去。等猎物接近时，它就会以迅雷不及掩耳之势用镰状前足抓捕猎物。螳螂的前足有锯齿，因此被抓的猎物很难脱身。

成功狩猎后，螳螂就会把猎物送到嘴边，从头部开始咬起。

“先知”

在古希腊，人们将螳螂奉为先知，大概是因为螳螂看起来就像一位很有智慧的老者吧！又因螳螂举起双臂的时候像极了祈祷的少女，所以它们又被称为“祷告虫”。

不过让人惊讶的是，偶尔它们还会同类相残。尤其是在交配的时候，雄螳螂往往会成为雌螳螂的一顿美餐。

对我来说，后代更重要

•连水珠都能被模仿

世界真是无奇不有，没想到竟然连水珠都能被模仿！这究竟是哪路高手有此能力？热带沙漠地区有一种螳螂，身体为绿色，头部有一个扁平突起，光滑明亮，伏在草丛中，在阳光下它们头上的突起物就像一滴晶莹的露珠，吸引那些口渴的小虫前来取水而被捕。

在螳螂家族里，雌螳螂的体形比雄螳螂的大。而且它们还有个惊人的习惯，那就是在交配时吃掉雄螳螂。有时候，它们还会直接把前来交配的雄螳螂吃掉，根本就不给对方交配的机会。

螳螂在进食的时候，总是会先咬断猎物的头部，对雄螳螂也是如此。不过，这些在交配时丢掉脑袋的雄螳螂却可以继续完成交配。分泌精子的生殖器官位于雄螳螂的腹端，若是大脑没有下达新的指令，这一部位就会一直延续之前的行动。

雌螳螂究竟为什么要吃掉自己的交配对象呢？

螳螂有一个可怕的习性，那就是所有在运动的东西都可以成为食物。它们平时都是独居，偶尔也会**自相残杀**，因此对于雌螳螂吃掉雄螳螂的现象，我们也不必感到太吃惊。

事实上，雌螳螂之所以做出如此恐怖的举动，也是为了留下更多的后代。我们都知道只有孕妇吃好喝好，肚子里的宝宝才会健康成长。而**雌螳螂想要多产卵，首先也要吃下足够多的食物。雌螳螂在交配时吃掉雄螳螂也就不必奇怪了。**

世界上最可怕的妻子

由此看来，雄螳螂不仅要提供精子，还要把身体贡献出来，充当雌螳螂的营养。

不管怎么说，因为雌螳螂凶名在外，雄螳螂在交配时也会万分小心。**千辛万苦**地找到心仪的雌螳螂后，它们先是远远地观察对方，然后再小心翼翼地凑过去爬到雌螳螂身上，迅

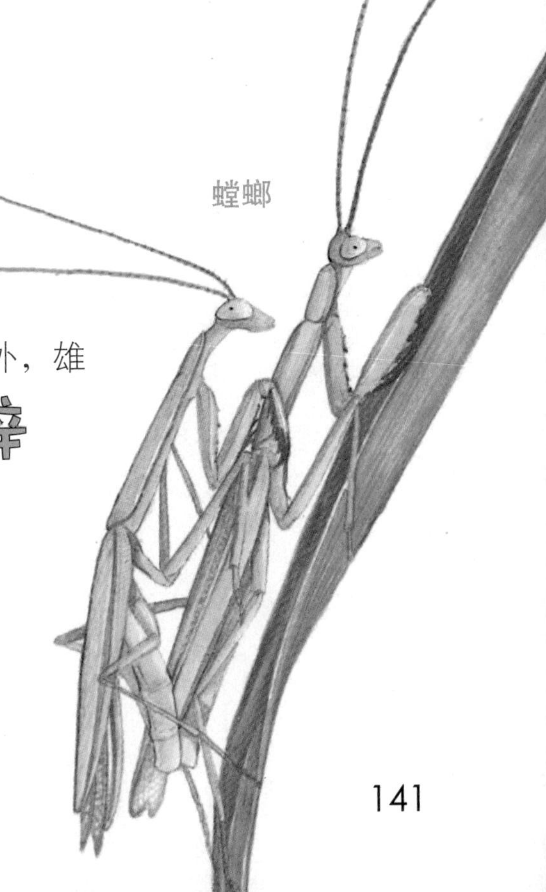
螳螂

速完成交配后就立即逃之夭夭。因为如果雄螳螂动作稍慢一点，被雌螳螂的镰状前足抓到的话就会丢掉性命！

可以抵御冬季寒风的卵囊

完成交配后，雌螳螂一直到9月都会忙碌地捕食，然后在10月初的时候在阴暗处产卵。产卵时，雌螳螂会从腹部分泌出白色液体，裹住那些卵，形成卵囊。在严寒的冬季，卵囊的主要作用就是抵御寒风。

先送出食物，然后再交配的蜘蛛

和螳螂一样，雌蜘蛛在交配时偶尔也会吃掉雄蜘蛛。因此，有些雄蜘蛛会在交配前先把充足的食物送给雌蜘蛛，以转移雌蜘蛛的注意力，从而顺利完成交配。

在雌雄间变来变去的蜗牛

怎么区分雌雄？

5月末，迎来繁殖期的两只蜗牛亲昵地凑到了一起。不过，光从外形和举动来看，很难判断它们的性别。那么，我们究竟应该如何去判断雌雄呢？

·眼睛长在触角上的蜗牛

蜗牛最有特色的地方除了它总是背着重重的壳外，还有它那对黑黑的眼睛，它们的眼睛不是长在脸上，而是长在头部的后一对长长的触角上，所以虽然它们贴着地面爬行，依然可以看见较高的地方。

让人惊奇的是，蜗牛是雌雄同体的动物。

既是雌性又是雄性的动物

蜗牛是一种非常可爱的动物，一生都背负着一座小房子。研究表明，蜗牛原本是生活在大海里的，直到距今约1000万年前的时候才爬上了陆地。

·既离不开水又害怕水的蜗牛

蜗牛喜欢生活在阴凉潮湿的地方，因为它们必须时刻保持自身湿润。这是不是意味着水越多它们就越开心呢？当然不是，其实它们很害怕被水淹。在干旱的天气里，蜗牛会用自身分泌的黏液封住壳口进入休眠状态，如果长时间不下雨，它就会在壳中脱水死掉。

·牙齿最多的动物

蜗牛简直就是世界上牙齿最多的动物，它们竟然有上万颗牙齿，而且它们的牙齿被磨损了的时候，又可以长出新的更锋利的牙齿来。它们主要是用布满牙齿的舌头来碾碎食物以便于消化。

可能是这个原因，蜗牛体表失去水分的话就无法存活了。因此在阳光明媚的白天，它们总是会在阴凉潮湿的地方睡觉，等到太阳下山或阴天下雨时才会爬出来，以树叶、草等为食。

夏季，蜗牛还会为避暑而进入夏眠，并在进入夏季之前完成交配和产卵。不过，蜗牛产卵时和其他动物有些不一样。

我们熟知的动物几乎都是雌雄异体的。不过蜗牛却不是这样，它们的每一个个体都既可成为雌性也可成为雄性。但是，它们不像裂唇鱼一样可以进行性别转换，而是每个个体中都有生成精子的器官和产卵的器官，可以在交配时同时充当雌性和雄性。

这究竟是怎么回事呢？

·生命力顽强的小蜗牛

虽然大多数蜗牛看起来非常弱小，但是它们却有着非常顽强的生命力。它们对冷、热、饥饿、干旱有很强的忍耐性。不过并不是所有的蜗牛都很小，也有一些蜗牛个头肥大。

为什么要交配？

蜗牛虽然是雌雄同体的动物，但却不能独立完成受精，而是要在找到伴侣后才可以产卵。

蜗牛们在找到心仪的伴侣后，就会紧紧地“抱”在一起，互相摩擦颈部。接着，左边触角的后面部分会挤出管状物，互相把精子分泌到对方的生殖孔里。这就是蜗牛们的交配过程。就这样，蜗牛在使对方受孕的同时，自己也会受孕。

不过，蜗牛明明是雌雄同体，为什么一定要和其他蜗牛交配呢？如果用自己身体里的精子和卵子，不是更方便吗？

研究表明，**不经过交配而采用孤雌生殖的方式来繁殖后代时，下一代多是不健康的，**要不就是适应环境的能力较低。因此，蜗牛虽然是雌雄同体，但在漫长的进化过程中也演变成了只和其他蜗牛交配后才能产卵的形态。

·壳给了蜗牛满满的安全感

蜗牛总是不辞劳苦地背着一个重重的壳爬来爬去，因为这样让它们感觉很有安全感。在走动时，它们就把头伸出来，但是只要一有惊动，它们就会立马躲进壳里。

长得和爸爸妈妈完全一样的小蜗牛

蜗牛在交配过程中互换精子，大约1个月后就会在地面挖坑，然后产下50颗左右的卵。接着，它们又会小心翼翼地盖上土，以免那些卵变干。

•游走于刀刃却可以安然无恙

蜗牛即使在锋利的刀刃上行走也不会被割伤，难道它们在爬过刀刃时施展了轻功？原来是因为它们会分泌一种保护自己的黏液。蜗牛爬过的地方会留下一条黏液，这是它们体内分泌的液体，正是这层液体给刀刃包上了一层薄薄的膜，才使得蜗牛爬过时不会受伤。

再过半个月左右，小蜗牛们就诞生了。刚出生的时候，小蜗牛的外形和它们的父母是一模一样的，只是大小有差异罢了。小蜗牛们出生后，就可以立即吃柔软的树叶和草，而它们的壳也会变得越来越坚硬。

如果蜗牛壳裂开……

在蜗牛长大的时候，螺壳也会继续变大。如果螺壳表面出现了窟窿，壳内的外套膜一天后就会生成薄膜修复窟窿，两周后就又会焕然一新。

图书在版编目（CIP）数据

什么，小海马是爸爸生的？ /（韩）阳光和樵夫著 ；（韩）金贞善绘 ；千太阳译. -- 北京 ：中国妇女出版社，2021.1

（让孩子看了就停不下来的自然探秘）

ISBN 978-7-5127-1931-6

Ⅰ.①什… Ⅱ.①阳… ②金… ③千… Ⅲ.①海马属－儿童读物 Ⅳ.①Q959.474-49

中国版本图书馆 CIP 数据核字（2020）第 195161 号

什么，小海马是爸爸生的？

作　　者：〔韩〕阳光和樵夫　著　〔韩〕金贞善　绘
译　　者：千太阳
特约撰稿：陈莉莉
责任编辑：赵　曼
封面设计：尚世视觉
责任印制：王卫东
出版发行：中国妇女出版社
地　　址：北京市东城区史家胡同甲24号　　**邮政编码**：100010
电　　话：（010）65133160（发行部）　　65133161（邮购）
网　　址：www.womenbooks.cn
法律顾问：北京市道可特律师事务所
经　　销：各地新华书店
印　　刷：天津翔远印刷有限公司
开　　本：185×235　1/12
印　　张：13
字　　数：110千字
版　　次：2021年1月第1版
印　　次：2021年1月第1次
书　　号：ISBN 978-7-5127-1931-6
定　　价：49.80元
